《中小学气象知识》丛书

王奉安 ◎ 主编

霜凇露的身影

张海峰 ◎ 著

图书在版编目（CIP）数据

霜凇露的身影 / 张海峰著. -- 北京 : 气象出版社, 2024.1
ISBN 978-7-5029-8115-0

Ⅰ. ①霜… Ⅱ. ①张… Ⅲ. ①霜－青少年读物②毛冰－青少年读物③露－青少年读物 Ⅳ. ①P426.3-49

中国国家版本馆CIP数据核字(2023)第228879号

Shuang Song Lu de Shenying
霜凇露的身影
张海峰　著

出版发行：气象出版社
地　　址：北京市海淀区中关村南大街46号　　邮政编码：100081
电　　话：010-68407112（总编室）　010-68408042（发行部）
网　　址：http://www.qxcbs.com　　E-mail：qxcbs@cma.gov.cn
责任编辑：颜娇珑　　终　　审：张　斌
责任校对：张硕杰　　责任技编：赵相宁
设　　计：北京追韵文化发展有限公司
印　　刷：北京建宏印刷有限公司
开　　本：787 mm × 1092 mm 1/16　　印　　张：7
字　　数：100千字
版　　次：2024年1月第1版　　印　　次：2024年1月第1次印刷
定　　价：48.00元

序言

2016年5月30日，中共中央总书记、国家主席、中央军委主席习近平在全国科技创新大会、中国科学院第十八次院士大会和中国工程院第十三次院士大会、中国科学技术协会第九次全国代表大会上的讲话中提出："科技创新、科学普及是实现创新发展的两翼，要把科学普及放在与科技创新同等重要的位置。没有全民科学素质普遍提高，就难以建立起宏大的高素质创新大军，难以实现科技成果快速转化。希望广大科技工作者以提高全民科学素质为己任，把普及科学知识、弘扬科学精神、传播科学思想、倡导科学方法作为义不容辞的责任，在全社会推动形成讲科学、爱科学、学科学、用科学的良好氛围，使蕴藏在亿万人民中间的创新智慧充分释放、创新力量充分涌流。"

科学普及工作已经上升到了一个与国家核心战略并驾齐驱的层面。科技工作者是科技创新的源动力，只有科技工作者像对待科技创新一样重视科学普及工作，才可能使科技创新和科学普及成为创新发展的两翼。

作为科普工作的一个重要方面，科学教育工作已经引起社会方方面面的重视。气象作为一门多学科融合的科学，对培养青少年的逻辑思维能力、动手能力等都具有重要的作用。另外，相对于成年人，中小学生在自然灾害（气象灾害造成的损失占自然灾害损失的7成以上）面前显得更加脆弱，因此，做好有针对性的气象防灾减灾科普教育具有重要的现实意义。在全国范围内落实气象防灾减灾科普进校园工作，从中小学阶段就开始让每一个学生学习气象科普知识，有助于帮助中小学生理解气象防灾减灾的各项措施，学会面对气象灾害时如何自救互救。

气象科学知识普及率的调查结果表明，灾害预警普及率、气候变化相关知识等基础性的气象知识普及率虽然存在区域性差异，但总体上科普的效果并不理想。究其原因，可能是现有气象科普产品的创作水平不高，内容同质化、单一化，未能满足公众快速增长的多元化、差异化需求。

气象科普工作任重而道远。

提高气象科普作品的原创能力，尤其是针对不同用户和需求的精准气象科普产品的研发，让气象科学知识普及更有效率、更有针对性，是我们努力的方向。

经过多方共同努力，针对中小学生策划的这套气象科普丛书《中小学气象知识》即将付梓，本套书共包括 12 个分册，由浅入深地介绍了大气的成分、云的识别、风雨雷电等天气现象的形成、气候变化和灾害防御等气象知识。为了更好地介绍气象基础知识，为大众揭开气象的神秘面纱，本丛书由工作在一线的气象科技工作者和科普作家撰稿，努力使这套书既系统权威又趣味通俗；同时，也根据内容绘制了大量的图片，努力使这套书图文并茂、生动活泼，能够让中小学生轻松阅读，有效掌握气象相关知识。

这套气象科普丛书的出版，将填补国内针对中小学生的高质量气象科普图书的空白。希望这套丛书能够丰富中小学生的气象科普知识，提升他们在未来应对气象灾害的自救、他救能力，在面对气象灾害时他们能从容冷静展开行动。

中国工程院院士 李泽椿

前言

早在1978年，气象出版社就出版了一套18册的《气象知识》丛书。1998年和2002年又先后出版了8册的《新编气象知识》丛书和18册的《气象万千》丛书。当时在社会上引起了较大反响，成为广大读者了解气象科技、增长气象知识的良师益友。如今，气象科技在传统的研究领域有了长足的发展，雾、霾等频发的气象灾害，更为有效的防灾减灾手段等已经成为新的社会关注点，读者的阅读需求亦发生了较大变化。此外，气象科普信息化又赋予我们新的任务，向我们提出了新的挑战。因此，出版《中小学气象知识》丛书，借以图文并茂、趣味通俗、系统权威地介绍气象基础知识，帮助大众了解气象、提高防灾减灾意识，显得尤为重要。这也正是贯彻党的十八大提出的"加强防灾减灾体系建设，提高气象、地质、地震灾害防御能力""积极应对全球气候变化"等要求的具体体现。

创作一部优秀的科普作品是一件很不容易的事，尤其是面向青少年读者群的科普作品更需要在语言文字上下大功夫。丛书的作者，既有知名的老科普作家，也有年轻的科普创客，他们为写好自己承担的分册均付出了很大的努力。

丛书包括12个分册：《大气的秘密》《天上的云》《地球上的风》《台风的脾气》《雨雪雹的踪迹》《霜凇露的身影》《雾和霾那些事》《雷电的表情》《高温与寒潮》《洪涝与干旱》《极端天气》《变化的气候》，各分册中均将出现但未进行解释的专业名词加粗处理，并在附录中进行解释说明。该套丛书科技含量高，语言生动活泼、通俗易懂、可读性强。每本书都配有大量的图片。这 12 本书将陆续与读者见面。

目 录

霜与霜冻

一个是千古之冤，一个是蒙面杀手。

大自然的魔术师

经霜红叶色愈浓

一抹夕阳穿透云隙，投影到峰峦叠嶂的层层山林间，绚丽的晚霞和红艳的枫叶相互辉映，弯弯曲曲的羊肠小道在枫林里若隐若现，把我们赶路的大诗人杜牧深深迷醉了。都市里住得久了，免不得腻歪，诗人干脆停下车子，深深地吸了口清新的空气，慢慢地观赏起来。

白云飘浮的地方，有几处山石砌成的石屋石墙。暖阳夕照，烟岚飘起，这是山里的人家吧，他们生活在画卷之中啊！随着那缭绕的白云缓缓移动，整个画卷就像活的一样。他不禁羡慕起山里人的惬意自由来。

但是，陶醉诗人的，还不仅仅是那山、那路、那云，而是这蓬蓬勃勃的枫林晚景。唐代诗人李商隐有诗“夕阳无限好，只是近黄昏”，不免令人感伤。但眼前的秋景，却让诗人的惊喜之情难以抑制。杜牧是晚唐著名诗人，其古体诗受杜甫、韩愈的影响，题材广阔，笔力峭健；近体诗则以文词清丽、情韵跌宕见长。他的绝句画面优美，风调悠扬，一直为后人所推崇。面对夕阳红枫，诗人诗情喷薄而出：

远上寒山石径斜，白云生处有人家。

停车坐爱枫林晚，霜叶红于二月花。

这首诗流传了一千多年，依然脍炙人口，“霜叶红于二月花”更成了千古传颂的经典名句。诗人为什么用“红于”而不用“红如”呢？想来“红如”不过和春花一样，无非是把美景装点得艳丽多姿而已。而“红于”则是春花所不能比拟的，不仅仅色彩更浓艳，更壮丽，而且气势更令人震撼。枫叶耐寒，经得起风霜考验，能让人感受到心灵净化的洗礼，涌动起一种“老骥伏枥”的情怀。

停车坐爱枫林晚，霜叶红于二月花

这首小诗不仅是即兴咏景，而且咏物言志，是诗人内在精神世界的表露、志趣的寄托，因而能给读者启迪和鼓舞。

当然，诗人不是科学家，他仅仅是欣赏红于二月花的枫叶，但并不知晓枫叶变红的原因。

枫叶

枫叶类树叶的细胞里含有多种色素，如叶绿素、胡萝卜素、叶黄素、花青素等，而以叶绿素为最多。在它们生长季节里，由于气温高、水分足，有利于叶绿素大量生成，新叶绿素不断代替老叶绿素，使叶绿素在叶片中始终占据绝对优势，于是便呈现出郁郁葱葱的绿色来。

但是，叶绿素有个弱点——性质不够稳定，易被强烈的阳光和酸碱所破坏。到了秋天，天气一天比一天冷，当气温降到 0 ℃以下时，水汽在草木上凝华为霜，叶片中的水分便逐渐减少。而恰恰这个时候，天高云淡，艳阳高照，这种条件不但不利于叶绿素的形成，反而会遭到大量破坏。而花青素、叶黄素却不受干扰，不但能够安然无恙，而且气温越低，越利于它们的积累。花青素还具备一种特

黄栌

殊功能，它是一种配糖体，低温条件下可以使细胞的糖分变浓并促进酸性增加，使色彩呈现红色。此外，低温还可以造成细胞间隙结冰，导致细胞内部水分消耗，有利于水分减少，使细胞液变浓，这样，红色叶片就会变得更加红艳了。

深秋，树叶变红的树木以枫树、黄栌为代表；树叶变黄的树木，则以银杏、胡杨为典型。

一到深秋，这些分布在祖国各地崇山峻岭或大漠戈壁的“色彩大师”们便竞相斗艳，它们所在的地方成了摄影家和摄影爱好者趋之若鹜的天堂。经霜变色的树叶，装扮了美丽的秋天，在万木萧疏来临前，呈现出了蓬勃生机。

瓜果经霜蜜样甜

网上曾有一则广告引起了大家的关注——“预售烟台经霜老苹果”。烟台苹果历史悠久，声名远播，这是众所周知的事情，为什么偏偏要标明“经霜老苹果”呢？经霜的老苹果格外好吃吗？是的，口感大不一样呢！霜对植物色彩的影响，是人眼能看见的事实，而它对植物的生长同样有着不可忽略的作用。

曾经，在农村长大的孩子，刚懂事就遇上了困难时期，饿得面黄肌瘦，吃水果只能在梦里。深秋收获白萝卜，就成了孩子们的期盼。大人有经验，告诉孩子们“霜打的萝卜比蜜甜”。等寒流袭过、白霜蒙地的时候，将萝卜从地里拔回来，一口咬下，顿觉口舌生津，一股蜜样的甜水直往喉咙里钻，丝毫感觉不到辣的味道。那时候，孩子们觉得青皮大萝卜就是世界上最好吃的水果了。

霜打苹果树

父亲说，萝卜是蔬菜，要储存起来当口粮的。柿子才是水果，但霜前的柿子是涩的，经霜的柿子才会变甜。

随着年龄的增长，孩子们慢慢知道，不仅萝卜和柿子，好多瓜果蔬菜经过霜打以后，味道就变了，最明显的是红薯。在那糠菜半年粮的时代，红薯是人们的主粮。

红薯块茎很大，一嘟噜长在地下。降霜以前，长在地面上的红薯叶是青翠的，人们把它采到家里当菜吃。熬一锅稀稀的玉米粥，把红薯叶倒进锅里，稀粥就变稠了。而煮熟的红薯是面的，面得掉渣，不赶紧喝口粥冲进肚子里，会噎得瞪着眼睛半天缓不过气来。经霜以后，红薯叶子枯萎了，不能吃了，只能当饲料，而地下的红薯却变成甜的了。把红薯放进锅里蒸熟，变得水漉漉的，透着亮光，硬挺挺的红薯块儿也变成软乎乎的了。吃到嘴里，甜香可口。

霜前红薯叶

后来才慢慢知道，这里边有一套物理过程呢！经霜以后，低温能使蔬菜瓜果体内的水分凝结成冰。为了适应严寒，安全越冬，这些蔬菜瓜果里的淀粉在体内淀粉酶的作用下，逐渐水解而转化为麦芽糖，麦芽糖再经过淀粉酶的作用，转化成葡萄糖。葡萄糖易溶于水，使细胞内液体变浓，迫使冰点下降，便不易结冰了。这样，瓜果蔬菜的细胞就能躲过严寒，这其实也是瓜果的一种自我保护能力。

“经霜瓜果蜜样甜”这个事实，其实古人早就知道。成书于两千多年前西汉时期的农学著作《氾胜之书》就记载:“芸苔足霜乃收，不足霜即涩。”南北朝《齐民要术》里记载：“收越瓜，欲饱霜，霜不饱则烂。”1700年前的西晋文学家陆机也说过，“蔬茶苦菜生山田及泽中，得霜甜脆而美”。均说明了我国在很早以前就知道一些耐寒蔬菜需经霜才能不涩、需经霜才易贮藏这一事实。

经霜桑叶

秋末冬初的霜还有一个功能，能杀死部分越冬害虫。当严霜突然降临，很多害虫无法快速适应骤降的气温而大量死亡，严霜反而成了耐寒农作物的天然杀虫剂。

人们还发现，用经霜后的桑叶泡水喝，具有“清肝明目，疏风清热”的功效。而经霜老丝瓜，则能治疗慢性咽炎等疾病。

大自然真是奇妙，原来藏着这么多奥秘呢！

捕捉霜的踪迹

美丽的冰窗花

了解霜，先从这首歌开始吧！听过阎维文演唱的《冰窗花》吗？真是一种难得的享受啊，光看歌词就美醉了。

风在轻轻地吹
雪在慢慢地下
窗上结满了美丽的冰窗花
有银峰玉翠
有飞瀑雪峡
她千姿百态 自然豪华
风在轻轻地吹
雪在慢慢地下
不能忘怀童年的冰窗花
像美丽天使 走进千万家
她银装素裹 朴实无瑕
冰窗花呀 可爱的花
冰窗花呀 纯洁的花

奇妙的冰窗花

在优美的旋律和深情的演唱中，你是不是看到了洁白的雪和美丽的冰窗花？

大凡在北国长大的孩子们，无不对奇妙的冰窗花记忆犹新。一到冬季，西伯利亚寒流袭来，把农田里干活的大人和野地里疯玩的孩子一个个逼进了屋子里。天生好动的孩子无处玩耍，就不得不依在窗台上看各种冰窗花。

真不知道这些奇妙的花是怎么形成的，一夜之间，就“画”得满窗户都是，简直就是万花筒，瞬间能把你引进神话世界。看吧，有的如挺拔的松枝，有的如飘飞的羽毛，有的像丰收的田园，有的像嬉戏的动物，还有的更像展翅飞翔的孔雀。冰窗花让孩子们迷恋、痴醉，并产生无限美好的联想。有心的孩子会观察到，冰窗花千变万化，但却没有重样。总结其图案规律，大致可分为以下类型：鹅毛纹、松枝纹、蕨类纹、菊花纹、山水纹、月面纹、孔雀纹、珍珠纹、重力纹、雪花纹，等等。

小时候好奇心特别浓，但一直没有得到满意的答案。现在，我可以帮你揭开这个谜底了。

冰窗花是霜的一种形式，它的形成与室内外的气温和湿度有关系。当窗玻璃受室外低温的侵袭，气温降到了 0 ℃以下时，室内的水汽遇到低温的窗玻璃，便会很快凝华成冰晶。冰晶一旦形成，水汽就会不断地在晶面上凝华。如果室内湿度大而温度又不算高时，水汽结晶很快，窗上的图案便清晰，容易形成树枝状的花纹；反之则容易形成碎片状、扇面状等图案。室内外温差越大，冰窗花生长就越快。特别是在室内空气中水汽充足的条件下，窗玻璃上所形成的窗花就会更加美丽。

冰窗花的形状还与玻璃的光洁程度有关。玻璃面粗糙或者尘埃多的地方，冰窗花的图案会厚一些；玻璃面光滑，冰花图案就会薄一些。

最初，窗上的冰晶会呈简单的六角形，随着不断生长逐渐扩大向四周发展，形成不同图案的花纹。仔细观察就会发现，很多复杂潇洒的窗花也大都是由小小的雪花或六角形鳞片组成的。正因为如此，冰窗花才有了立体感。若冰晶凝华过程中窗边缝隙有细微冷风吹进，使凝华与融化形成一个动态平衡过程，造成细微冰水的流淌，就易形成山水画或者其他形式的冰窗花。

20 世纪 80 年代以前，北方冬天早晨经常可以看见冰窗花。80 年代以后，随着改革开放和生活水平提高，住房大部分配备了取暖设备，屋内温度提高了，水汽很难在窗上凝华成冰，冰窗花这一漂亮的物理现象也就越来越少见到了。

冰窗花应该算是北国人的独享，南方的朋友是不容易看到的。说到窗花，大家一定会想到剪纸艺术里那各种各样的图案，玲珑可爱的小动物，栩栩如生

冰窗花

的人物造型，当然，也有生动奇妙的花卉图案或千变万化的植物。但这种人工剪纸作品同自然形成的冰窗花比起来，观赏性可就逊色多了。人的想象力是有限的，而大自然的创造力是无限的。在美丽的冰窗花前，你可以陶冶情操，修身养性。你会瞬间有种错觉，似乎面对的是高山流水，静下心来，似乎又能听到潺潺水声，下意识地做一个深呼吸。

冰窗花在你意想不到的时候突然来到身边，给你惊喜，给你慰藉，在人生的岁月里，由于它的到来精神了许多。它默默无言地贴在窗户上，抚摸你受过伤的心，一瞬间让你感动莫名。

冰窗花是可遇不可求的，即使你大冬天去东北，要是室内温度过高也难以见到，一般只有没住人的温度低的配房窗户上才能产生冰窗花。

置身这晶莹剔透的世界里，一股清凉沁入心脾，五脏六腑都透着舒适的快感，沉闷的头脑渐渐清醒起来，往日里那些不快、压抑、委屈消减下去、淡漠下去，胸中块垒就像飞到了九霄云外。把困难挫折看淡了许多的你，自然心头就会豁然明亮宽广起来。

霜从哪里来?

深秋一个无风的夜晚，星月皎洁，寒气袭人。清晨起来，推窗远望，能见度出奇的好。咦，咋回事儿呀？屋面上、树枝上、草地里全都是白花花一片。五年级学生壮壮大惑不解："大晴天，怎么会下雪呢？"

"你看清楚了吗？雪会下到砖头底下吗？"同为五年级学生的静静比壮壮沉稳，观察问题也更细心一些。

壮壮茫然了。

"不光是砖头底下，墙头上的小石板和瓦片底下你看了吗？"

静静和壮壮研究砖头下的“雪”

“真的，这些东西下边都有‘雪’呀！”

奇怪，这些是什么东西？它们是怎么来的呢？

静静摇了摇头。喜欢刨根问底的壮壮，可不喜欢这样糊糊涂涂混日子，他对任何疑问都要追查到底。

其实，这就是秋冬季节常见的霜。

发源于我国黄河中下游一带、形成于春秋战国时期的二十四节气之中，就

霜

有个节气叫霜降。从字义上看，霜是从天上降下来的。《诗经·蒹葭》里却不是这样说的："蒹葭苍苍，白露为霜。"当河岸边的芦苇变成暗绿色时，露水也因气温降低而转化为霜了。这不明明是说，霜是露水变成的吗!

二十四节气总结之初和《诗经》产生的时代，距现在都已经2000多年了。那时候，霜就引起了人们的关注。

到了三国时期，人们对霜形成的认识没有改变。三国魏文帝曹丕在他的《燕歌行》中也这样吟诵："秋风萧瑟天气凉，草木摇落露为霜。"还是认为霜是由露变成的。

那么，霜真的是从天上降下来的或者是露水遇冷形成的吗？

"当然不是。"辅导员田老师笑吟吟地走过来。

孩子们遇到了救星，立马围过来。

"我们看到过降雨，也看到过降雪，可是有谁看到过降霜吗？"

"没有。"大家回答。

田老师点点头。

田老师讲解霜的形成

过去，由于人们对大自然现象的认识和科学技术发展的局限，尚无法正确解释霜的来龙去脉，认为霜和雪一样，是从天上降下来的或者是由露珠变成的，这才有了“霜降”和“露为霜”的说法。现在,人们已能正确揭示霜形成的原理了，知道霜是地面水汽遇冷凝华形成的。只是“霜降”这个节气的名字是几千年沿袭下来的，并变成了一种文化，也就只好继续这样叫下去了。

霜与露其实都源于水汽，只是它们形成的机理不同，对农作物的影响也不一样，但都与气温的高低有关系。当空气温度降到水汽能够变为露珠，也就是气象上说的降到**露点温度**以下时，水汽就会凝附于地面或贴近地面的物体上。此时，如果温度在 0 ℃以上，形成的就是露；如果温度降到了 0 ℃以下，水汽直接凝华为冰晶，形成的就是霜了。

窗玻璃上形成的露水和霜花

那么，露会不会遇冷直接变为霜呢？不会，如果露珠遇到 0 ℃以下的低温，就变成了白颜色的冻露，猛一看与霜有点相似，难怪古人对两者分辨不清呢！但细看就有区别了，因为冻露全是颗粒状。

我们知道了霜的形成原理，就会明白唐朝诗人张继写的“月落乌啼霜满天”也不对，因为霜是不可能布满天空的。

为什么霜会在土块、草叶、较低的屋顶瓦片或小石板下边生成呢？它是怎么钻进去的呢？

原来，凡水汽充足的地方遇到 0 ℃以下的低温物体就易形成霜。铁器由于比热小，扩散热量后容易冷却，所以表面容易出现霜；木板桥由于上下两侧可扩散热量，而且架在水面上，有充分的水汽供应，所以也容易出现霜；屋瓦、小石板由于有空隙，各部分热绝缘性能好，一旦冷却，难以得到别处热量的供应，就很容易在下部凝霜;地面上，草叶、树叶和庄稼叶的两面都可以扩散热量，而且叶片很薄，易于冷却，所以最容易出现霜；耕过的松软土壤，由于不易接受地下热量的供应，所以比紧密的土壤表面易于生霜。这些物体凝霜的环境条件不同，出现霜的轻重也就不一样。

由于霜降后天气渐冷，所以霜降节气前后的农事比较繁忙。

田老师感慨地说：“春华秋实，秋天可是个好季节啊！少了份温情，多了份刚毅；少了份华丽，多了份盈实。它能为农家带来丰收的喜悦，为来年播下丰收的希望。”

放大镜里看霜花

想探究霜花的奥秘吗？那可是一件很有趣的事儿。但是，单凭肉眼和热情还是有点力不从心的。最简单的办法，就是借助放大镜。

搞研究的事儿都有一道坎儿，站在坎儿外边，那叫两眼一抹黑。但只要迈进这道坎儿，就会豁然开朗，发现这里原来也是一个缤纷的大千世界。

借助放大镜，使你看见了平常看不见的东西。那么不起眼儿的霜，居然如此缤纷悦目。这个由白色松脆结晶体构成的世界，色调单一却内涵丰富。由白色结晶体构成的白色图案，也像雪花一样纯净，虽素雅却种类繁多。看那蓝天下扬起的号角，正在吹奏着神圣的朝歌。而这边，不正是丰收的田野里成排旺长的洋葱嘛！那一簇簇、一串串由近及远的小点点，是鸟雀们聚会时凌乱的脚印吧！这个构造奇妙、让你眼花缭乱、目不暇接的迷宫，其主体部分简直就是一圈圈盘绕的螺旋……还要继续去发现什么，那是你自己的事儿了，但你的思维，需要跟着这些奇妙的节奏快速跳跃。开动一下你的想象力吧，它一定会让你大饱眼福，流连忘返。

霜的微观世界

尽管霜的结晶体千变万化，多种多样，但万变不离其宗，严格地遵循着 3 个共同的特点：一是结晶体个体呈霜柱状，二是霜柱个个都比绣花针还要细，三是结晶体全都是上粗下细的形状。

这就给了我们进一步探究的欲望。

原来，根据形成霜花的气象条件不同，这些图案会分成不同的类型，它们也在因地制宜呢！

奇妙的霜柱多出现在洞穴里、泥土空隙里和雪面上。由于地面的泥土空隙和洞穴里湿度比较大，往往藏有很多细小的水滴，当气温低于 0 ℃时，地表面的水分会霸道地把泥土空隙里和洞穴里的水分吸收过来结成冰。随着水分越吸越多，冰越结越厚，慢慢就形成了“冰柱”，也就是我们常说的霜柱。

干燥地面、沙土地面、石头地面，因为空隙比较小，水分含量少，形成霜柱就比较困难；黏土比较密实，缺少存储水分的空间，即使有，也难以保存，不易形成霜柱。而在黄土地带，由于沙子和黏土的比例大致相当，加之土壤里毛细管孔隙盘根错节，其引力作用会使水分沿毛细管缓缓上升，当遇到低温后，就攀附到一起，结成像绣花针一样细小的霜柱了。

别看霜晶体图案错综复杂，但霜晶的基本形状并不是太多，霜片也比较单调，多为六角形薄片。霜花形成时，贴近地面空气层的水汽变为冰而使水汽减少，但较高处的水汽依然较多，故其下部不断升华变细，而上端则继续凝华，使霜片变大，这样就形成了上大下小的形状。看了这些图案，再想想城市路边的装饰品，禁不住哑然失笑，不知道那些异想天开的设计师们，是不是也从霜晶体图案中悟出过什么道理。

一旦钻进了探索大自然奥妙的天地里，你的脑洞就会无限制地张开。天哪，大自然原来这么迷人呢！人类对于天气现象的探索，似乎永远没有止境。

城市路边像霜柱样的建筑物

霜与霜冻不是一回事

霜与霜冻的区别

一个秋天的早上，整个田野里像下了雪一样，白花花一片。几位农民大叔站在田头哭丧着脸，嘴里不停地唠叨：“没想到今年的霜下得这么早。这不全完了嘛！玉米正在灌浆，白菜还没收获，那么多棉桃还没吐絮，特别是这满地的红薯，叶子全枯了，还怎么生长？哎，这该死的霜啊！”

听，他们都在抱怨霜来得不是时候呢！可是他们哪里知道，引起作物受害的，并不是霜而是霜冻呀！

人们常把霜与霜冻混为一谈。其实，它们是两种不同的概念，之间有着根本的区别呢！

霜是一种由于气温降低而表现出来的天气现象；而霜冻则是指短时间内气温降低到低于农作物生长所需要的最低温度时，农作物遭受冻害的现象。也就是说，杀死植物的真正元凶不是能够看得见的霜，而是形成霜的低温。千百年来，人们误解了霜，给它戴上了一顶“元凶”的帽子，其实冤枉它了。“霜降杀百草”的说法也是不对的，正确的说法应该是“霜冻杀百草”。

当冷空气袭来的时候，霜以能够被人们看到的方式显现出来，提醒人们注意。这种看得见的霜，民间称之为“白霜”，它只不过是低温的一种表象，并没有多大杀伤力。而真正杀死作物的元凶，是躲在幕后、形成霜冻的低温。在没有霜出现的时候，夜间因温度剧烈下降，给农作物带来灭顶之灾的现象叫“霜冻”，民间称之为“黑霜”。

冷空气袭来时，黑霜会和白霜一块儿行动，只不过把白霜推到了幕前。更多时候，黑霜会抛开白霜采取“偷袭”。这种没有白霜伴随的霜冻，庄稼遭到的

低温霜冻致核桃花叶变黑枯死

冻害往往更严重。我国西北地区空气干燥，即使气温降至 –20 ℃甚至更低，也不会出现白霜。黑霜袭击时，连垫背的都找不到了。

白霜在明处，白霜一来，满世界白花花一片，视觉上确实吓人。加上那刺骨的寒气，往往给人不好的印象。但其实不然，因为水汽凝华时，需要释放出潜热，这样反倒使得降温不那么剧烈。而黑霜在暗处，它来得毫无预兆，就像民间常说的“哑巴蚊子”，不动声色，在你毫无觉察时，冷不丁给你一击，于无形中对农作物造成严重的危害。就其性质而言，简直是“无形的杀手”。

农民对其内在原因不清楚，不管白霜还是黑霜都恨死了，管它们叫“黑白无常”。

其实植物也并非“弱不禁风”。植物抵抗低温霜冻有个循序渐进的过程，若寒冷天气缓慢推进，植物体内的细胞遇冷会转化出一定糖分，对于抵御严寒天气，糖分可是功不可没的。不信你试试，两杯一样的水，其中一杯加入白糖，则先结冰的一定是未加糖的那一杯。当然，糖水并不是不会结冰，而是温度降得不够低。植物体内的糖分越多，抵御冻害的能力就会越强。

黑霜一来，大地为之变色，我国北方生长着的蔬菜和冬小麦等作物在毫无戒备的情况下，体内还未来得及转化和积累足够多的糖分，细胞壁和原生质在低温中就遭到损坏，植株就只能迎接枯萎死亡的命运了。

霜冻是怎样害死植物的?

植物死亡有两种方式：自然死亡和被迫死亡。

自然死亡原因多种多样。木本植物寿命很长，如果不出意外，有的可以活几百年甚至上千年，比如长寿树银杏、松柏和古槐。木本植物对温度的适应范围比较宽，多年来物竞天择，已经选择好了地域，不怕冻的树木分布在北方，怕冻的树木分布在南方，一般的寒潮霜冻对它们构不成多大威胁。除了严重的干旱或雨涝，这类植物基本上都不会因为环境因素而死亡，而主要与人的砍伐、毁坏有关。但作为果木类的树木就相对娇气，它们对低温的耐受能力较差，一旦遭遇强寒潮霜冻袭击，往往大面积减产，甚至植株死亡。

更娇气的是一年一个或一年几个生死轮回的草本植物。我们赖以维持生命的农作物小麦、水稻、玉米等，就属于此类。为了避免农作物遭受冻害，我们的祖先总结出了二十四节气。在地球运转过程中，一年要经历一次寒来暑往，四季交替。而根据二十四节气指导农业生产，一定程度上可以趋利避害。这是祖先对生态农业的重大贡献，已经推广到世界各地。

霜冻导致大面积作物遭受冻害

随着农业气象科学的发展，根据作物对温度的适应范围，细划出了各类作物的生长适宜区。其中的无霜冻期，就成了各地栽培农作物的重要限制依据。

但是，气候变化毕竟还在探索中，如果遭遇气候反常，每年的秋季和来年的春季，便会蒙受无辜的灾情。

那么，霜冻究竟是如何害死植物的呢？

主要手段，就是以低于 0 ℃的低温对植物进行猝不及防的侵袭。在作物遭受突然袭击时，细胞间隙的水分迅速变成了冰晶，冰晶再不断地吸收细胞的自由水使自个儿逐渐增大。这个过程极其短暂，对植物最要命，它能使细胞内水分急剧减少而导致细胞质脱水，造成细胞内的胶体物质发生凝固和细胞枯萎。

在冰晶形成和增大的过程中，再对细胞产生机械压力而导致机械损伤。霜冻在短时间内连出数招，而且招招要命，对人类忠心耿耿的农作物即使有回天之力，也只有仰天长叹了。

如果霜冻较轻，农作物还没有死亡，霜冻过后随着温度逐渐上升，细胞慢慢解冻，还有可能恢复生命活力。毕竟，作物们与天打交道，也不是一天半天的事儿了。

有些农作物对霜冻非常敏感，如果在灌浆期遭受早霜冻，不仅影响品质，还会造成减产，这类作物以玉米、大豆、棉花等为代表。以玉米为例，当气温降至 0 ℃时，玉米即发生轻度霜冻，导致叶片最先受害。玉米灌浆的养料主要是叶片通过光合作用产生的，受冻后的叶片变得枯黄，直接影响植株的光合作用，这样产生的营养物质必然减少，使玉米籽粒灌浆缓慢，粒重降低。如果气温降至 –3 ℃，就会发生严重霜冻，除了大量叶片受害外，穗颈也会受冻死亡。不仅严重影响玉米植株的光合作用，而且还能切断茎秆向籽粒传输养料的通道，导致灌浆被迫停止，造成大幅减产。

初霜冻出现时，如果作物已经成熟收获，即使再严重的冻害也不会造成损失了。而我国北方大面积农作物种植区哪能年年交此好运，常因初霜冻出现早，作物还没有完全成熟就遭到了重创。所以在初霜冻危害较重的地区，应该选用耐寒和早熟品种，合理调整播种期，加强田间管理，确保作物在霜冻到来之前充分成熟。

罕见霜冻让花城蒙灾

北方的霜冻灾害习以为常，广东的霜冻灾害则出人预料。

广州市，地处华南沿海，南临珠江口，位于北回归线之南的广东省省会。

相传很久很久以前，有 5 位仙人，皆持谷穗，一茎六出，乘五羊而至，遗穗与广人，使之永无饥荒。仙走羊留，化为石，广人祠之。“五羊传说”表现了古代汉族劳动人民开拓岭南的历史。后来这 5 只羊便成了广州的标志，“羊城”也成了广州的别名。

在气候上，广州也占尽优势：北回归线横穿广东省中部，全省为亚热带热带湿润季风气候，年平均气温 19 ～ 26 ℃，大部分地区终年不见霜雪。广州市由于地处北回归线之南，最冷的 1 月份平均气温仍有 13.6 ℃，尽管有时也会受到南下冷空气影响，但比较偶然，几乎没有冬天。叶经冬不凋，花非春照放。当你从严寒的北方初来广州，会感受到无可名状的温暖芳香。

可就是这样一座四季桃源般的城市，老天爷却偏偏要跟它过不去。事情发生在 21 世纪钟声敲响的前夕。

1999 年 12 月 17 日夜间，不速之客悄然来到广州。在西伯利亚一带堆积而成的强大冷空气团爆发南下，长驱直入，横扫广东全省。21—27 日，广东普遍出现持续低温以及大范围霜冻、冰冻天气。一时间，南国笼罩在寒流包围中。当地气象记录显示，12 月下旬旬平均气温比历年同期偏低 2 ～ 3 ℃，月极端最低气温创历史之最。

在这次寒潮中，广州地区和郊县最低气温降到了 –0.8 ℃。近郊的从化市更惨，地面最低温度降到了罕见的 –3.9 ℃。这可是当地历史上从未经历过的事情，之前最低温度也没有低于 4 ℃呢！

那些在温暖环境里舒服惯了的荔枝、龙眼、香蕉、芒果等喜热岭南佳果，哪受得了这突如其来的严寒袭击？连续四五天 0 ℃以下低温结冰日，使得成片香蕉园内的香蕉树叶全都“浮肿”了，变得又硬又脆。荔枝树皮被体内的冰块撑裂，惨不忍睹……

广州市标志性建筑五羊

万万想不到的是，连续几天低温冰冻之后，到12月底，老天爷又开了个天大的玩笑——突然放晴，导致气温急剧回升，回升幅度竟接近20 ℃，一下子从严冬走向了暖春。在这大落大起的温度调整中，荔枝、龙眼、芒果们彻底顶不住了，叶子全部变成了枯黄色。向来以肥硕宽大碧绿的叶子为美的香蕉树，更经不起这样的折腾，成片成片的香蕉叶全都卷曲起来。

这次低温霜冻，广东全省仅农作物受灾面积就达100万公顷，直接经济损失达108.5亿元，创历史之最。其中受灾严重的是香蕉、荔枝、芒果、菠萝以及蔬菜、薯类和玉米。受灾最重的是水果，面积超过34万公顷。

但是，老天爷并没有就此施放怜悯之心。进入2000年的1月中下旬，广东省又一次遭受了强冷空气袭击，气温一降再降，粤北再次出现冰冻，羊城也没有逃过这个厄运，二次受灾。这接踵而来的霜冻危害，使广州市郊的农作物以及荔枝、龙眼等水果又一次受到致命摧残。这次受灾面积达6.5万公顷，花圃受灾面积933公顷，其中室外盆花被冻伤50%～60%。

中国有句谚语“福无双至，祸不单行”。2月下旬，强冷空气第三次袭击广东。这次变换了形式，不但温度超低而且伴随阴雨，让全省的农业和经济作物雪上加霜。

痛定思痛，罕见的霜冻灾害，让广东人再不敢掉以轻心。其实在这次大面积霜冻灾害之前，老天爷已经有过多次提醒。气象资料记载，20世纪90年代，广东省共发生过4次严重冻害，除了1999年12月损失最重外，1991年2月、1993年1月和1996年2月，都让这美丽富饶的南岭地区饱受冻害之苦。其中1996年同样令人记忆犹新：从2月18日起，一股股强冷空气频繁南下，加上从孟加拉湾来的西南潮湿气流十分活跃，屡屡交锋，导致我国南方连续7～9天低温阴雨（雪）天气。广州连续一周最低气温低于5 ℃，2月21日最高气温甚至只有 4 ℃，突破了 1908 年 4.5 ℃的最低纪录，堪称世纪大冷。粤北雪花飘飘，树枝上挂满了冰凌。与广东一江之隔的香港大帽山顶，出现了罕见的白霜和冰挂现象，香港人度过了 45 年来最寒冷的春节，有 44 人来不及采取御寒措施被冻死。

霜冻灾害无孔不入，凡有寒潮活动的地方都有可能受到霜冻危害。据测算，全世界因霜冻灾害，每年损失在 100 亿美元以上。

为了预防霜冻侵袭，美国人提出“以毒攻毒”法，来降低植物体内水分结冰温度。针对自然水中含有的促进水结冰的“冰核细菌”这个特点，科学家培育出噬菌体病毒，它能于低温来临时，在植株体内形成保护层，有选择地专门杀死“冰核细胞”，从而保证植物在遭到 –5 ℃的气温时体内水分也不会结冰。

霜冻的气象指标

大部分作物所能忍受的低温都有一定限度，低于这个限度，作物就会被冻伤或冻死。农业气象学上把这个限度范围内的温度叫作“霜冻指标”，也就是霜冻害的气象指标。作物所能忍受的低温能力称为作物抗寒能力。

各种作物由于其内部细胞的化学成分和机体组织不同，所能忍受低温的能力也是各不相同的，而且这与作物的品种、生长发育阶段以及栽培管理等都有直接关系。

由于霜冻是作物组织温度降低到 0 ℃以下而发生的一种冻害，所以最好用作物组织的温度作为霜冻指标，也就是通过作物霜冻害的症状标准来确定。这个标准不是随便确定的，而是经过农业气象工作者多年的努力才确定下来的。

现在来看看这个标准的细节。

叶片受冻后细胞失水，叶片呈水浸状，叶子凋萎，先变白再变褐，而后干枯；

茎秆呈水浸状、软化，茎和枝叶变黑，上部枝叶干枯；穗、花凋萎，变褐色，脱落；未成熟的果实、棉铃变黑或呈水泡状，玉米包叶失去绿色并变干、籽粒失去弹性，小麦籽粒不变黄、干秕、有皱纹，果树花、叶萎蔫或落花落果；特别严重的霜冻害发生时，整个植株死亡。

作物遭受霜冻的症状往往滞后于降温过程，也就是说，植株并非遭受霜冻后马上一蹶不振，而是在受冻一两天之后，才会比较明显地表露出来。

叶片受冻至死亡的过程

根据作物遭受霜冻的程度，将霜冻害分为轻霜冻、中霜冻和重霜冻。

轻霜冻 气温下降比较明显，日最低气温比较低；植株顶部、叶尖或少部分叶片受冻，部分受冻部位可以恢复；受害株率应小于 30%；粮食作物减产幅度应在 5%以内。

中霜冻 气温下降很明显，日最低气温很低；植株上半部叶片大部分受冻，且不能恢复；幼苗部分被冻死；受害株率应在 30%～70%；粮食作物减产幅度应在 5%～15%。

重霜冻 气温下降特别明显，日最低气温特别低；植株冠层大部叶片受冻死亡或作物幼苗大部分被冻死；受害株率应大于 70%；粮食作物减产幅度应在15%以上。

作物霜冻害的经济损失除了与低温强度有关外，还与不同作物特定的受害时间等因素有关。例如，在同样的低温条件下，秋粮作物遭受霜冻时，霜冻发生时间越早损失越大，到作物基本成熟时霜冻害损失较小；玉米和水稻在乳熟期发生初霜冻害，经济损失十分严重，而在蜡熟后遭受霜冻害，损失则会轻得多。

作物霜冻害除了主要由冷空气入侵影响外，还与天气、地形、地表性质有密切关系。

一般在晴朗、无风或微风、湿度小的夜间最容易出现霜冻。洼地、谷底、盆地风速小，冷空气容易沉淀，霜冻害往往特别严重。干燥、疏松和砂质较强的土壤热容量小，导热性能差，夜间散热快，又不容易从较深的土层中得到热量补充，霜冻程度就比较重。但是，湿度大的地方，比较背风的地方，情况就会有所变化。当干冷空气经过湖面、水塘、河流时，会变得温暖而湿润；经过村庄时，风速会被迫减小，温度有所回升。因此，在湖面、水塘、河流和村庄的下风方向，冻害便会较轻。

叶片结霜

霜冻的分类

霜冻根据其形成的原因，可分为平流霜冻、辐射霜冻、平流辐射霜冻（也称混合霜冻）和蒸发霜冻 4 种类型。

平流霜冻　寒潮爆发后，大规模冷空气像滚滚的海潮由北方侵入，所经之处很快降温，使农作物遭受冻害。对平流霜冻来说，地理条件影响较小，其强弱和影响范围与冷空气的强弱和影响范围有直接关系。

一般来说，平流霜冻范围较大，持续时间也较长，当然危害也较重。但平流霜冻有个特点，就像《水浒传》里“李逵的三板斧”，一开始来势汹汹，但后继乏力，随着冷空气中心的南移和削弱，气温逐渐回升，霜冻的强度便会随之减弱。

这种霜冻常常出现在早春或晚秋，甚至在我国南方的冬季也会出现。

辐射霜冻　这类霜冻也多出现在早春或晚秋。晴朗无风的夜晚，由于地面和物面向外辐射热量，导致近地面气温降到0 ℃以下，从而引发霜冻。由于辐射霜冻的形成与土壤、地面以及植物的夜间冷却有密切关系，所以凡与辐射冷却有关的因子，都会对它产生较大影响。辐射霜冻的强度一般较弱，对农作物的危害也比较轻。

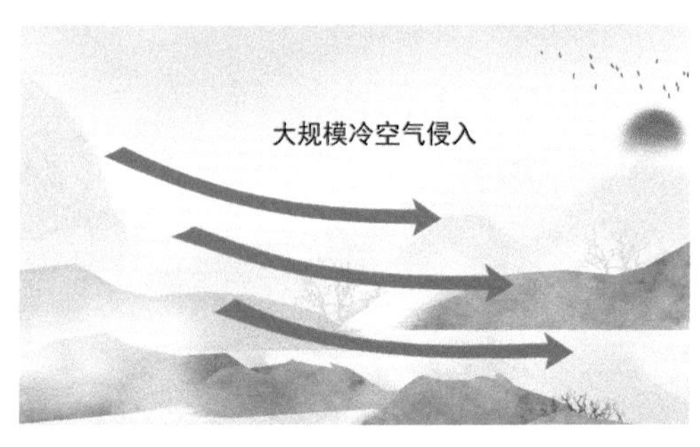

平流霜冻

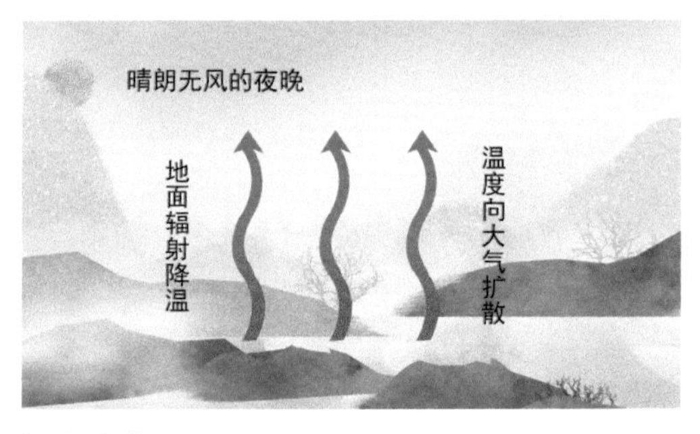

辐射霜冻

平流辐射霜冻（混合霜冻）　真是善者不来，听听这名字，是不是就有一种恐怖感！这种霜冻是以上两种因素混合作用形成的。寒潮袭来，冷空气入侵，引起气温急剧下降。但所经之地如果前期地温不算太低，仅靠“李逵的三板斧”往往不足以引起太大的灾害。而到了夜间，如果辐射冷却作用增强，继续降温，便会发生霜冻，这就是大田农业望而生畏的平流辐射霜冻。

这种霜冻经常出现在早秋和晚春，是形成初霜冻和终霜冻的主要形式，对农作物危害极大。我国北方出现的霜冻灾害，一般都与它有关。

蒸发霜冻 这种霜冻的形成比较特殊，是在干旱地区降雨之后，空气变干，植被上的水分迅速蒸发，使作物植株冷却，温度降到生物学受害温度以下而使作物受害的霜冻。

根据霜冻发生的时间，也可将其分为春季霜冻、秋季霜冻、冬季霜冻和早霜冻与晚霜冻。

春季霜冻 在春季作物生长初期，越冬作物开始返青，喜温作物已经播种出苗，果树也到了开花阶段时出现的霜冻。这种霜冻会使正在萌芽或生长的农作物遭受猝不及防的损失。春季霜冻发生越晚，农作物受害程度就越严重。

秋季霜冻 早秋，天气还未寒冷，农作物尚未停止生长时发生的霜冻。秋季霜冻出现后，往往使农作物被迫停止生长，导致产量下降，品质变坏。秋季霜冻发生得越早，其危害性越大。

冬季霜冻 当冬季强冷空气南下并伴有夜间辐射冷却，使地面或近地面气温下降到足以引起农作物遭受冻害的最低温度以下时形成的霜冻。这类霜冻发生在我国南方地区，对热带农作物和果树危害极大。

早霜冻、晚霜冻 分别指秋季最早和春季最晚的霜冻。

我国霜冻的分布

霜冻与农业生产关系密切。各地在安排农作物播种时,均要考虑“初霜”“终霜”和“无霜期”。当然,这里的“初霜”“终霜”“无霜期”均应为“初霜冻”“终霜冻”和“无霜冻期”。由于这种叫法习惯了，也就沿用下来了。

那么，这些名词是什么意思呢?

初霜，即秋季第一次出现的霜冻。

终霜，为春季最后一次发生的霜冻。

无霜期，则是一年中终霜与初霜之间没有霜冻的日期。无霜期是一个重要的农业气候热量条件的特征量。无霜期长，表明作物生长期长，热量资源丰富，可以栽培产量较高、较迟熟的作物或者采用多熟制，农作物稳产高产的可能性就大一些。无霜期短，表明作物生长期短，热量条件不足，只能栽培产量较低或早熟的品种。无霜期的统计和计算方法是：一个地区多年平均终霜日期到初霜日期之间的持续天数，就是这一地区多年平均无霜期。

我国霜冻的分布特点是：北早南晚，西早东晚。

霜降节一到，河南的豫北、豫西和豫东等大部分地区霜期普遍开始；东北的长春，却早在一个月前的秋分节就出现了；而北京、兰州等地则提前出现在寒露节前后；武汉出现在半个月以后的立冬节；天府之国的四川成都，推迟到了一个半月后的大雪节前；位于祖国岭南的花都广州，则到了两个月后的冬至节之后。以长春和广州相比，从秋分直至冬至，竟相差 7 个节气。更有甚者：华南南部和云南南部全年无霜。

我国各地的霜期大致为：东南丘陵地区在 1 月份；长江流域从 1 月到次年 3 月；华北平原和黄土高原从 10 月到次年 4 月；东北北部和新疆北部则从 9 月到次年 5 月。霜期一般自沿海往内陆变长。但长江流域由于上游及中游都为平地，下游为平坦的长江三角洲，所以冷空气南下时，寒潮对下游地区的影响大于中游地区，对中游地区的影响又大于上游地区。因此，下游地区虽离海近，但霜期反而较长。例如上海、南京的霜期要比武汉长，而武汉的霜期又比西部的成都长。各地初霜冻或终霜冻出现的日期逐年变化也很大，最早的初霜冻和最晚的终霜冻都可与平均初霜冻和终霜冻出现日期相差一个月左右。

由于各地海拔高度不同，即使在纬度相同的地方，初霜期和霜日数也不一样。地势越高，霜期越长。西藏拉萨的霜期长达 8 个月，但由于雄伟的青藏高原阻挡了西北来的冷空气，同纬度上的四川盆地霜日就要少得多。四川中部的遂宁，

全国各地先后入霜期

每年有霜日 13.3 天，而同纬度东部的武汉，霜日却长达 53.6 天。遂宁全年霜期 60.6 天，而武汉却长达 134.4 天。再如四川盆地南部的泸州，每年仅有霜日 2.3 天，霜期 12.7 天；而同纬度的湖南常德，每年霜日 28.5 天，霜期长达 90.7 天。更有甚者，盆地南缘的泸州和宜宾两个气象观测点的霜日和霜期，甚至比 600 千米以南的广州和南宁还要少和短。

也有一些特殊情况，这就是一些干旱地区、寒冷的高山地区或降水日数多的地方，白霜出现机会很少。例如我国西北干旱地区，白霜就少得出奇。青海省的格尔木，全年白霜日数为 13.7 天，最冷月平均气温为 –11.6 ℃。同纬度的河南省安阳一带，白霜日数为 92.4 天，最冷月平均气温为 –1.7 ℃。两者相比，格尔木要比安阳寒冷得多，但霜日却要比安阳少得多。

另外，降水日数的多少也与无霜日有关。例如，号称“天无三日晴”的贵州省毕节地区，年平均霜日只有 17.8 天，而因降水（包括雨、冻雨、雪、霰等）使气温虽在 0 ℃以下，但不出现白霜的日数却有 19.3 天。

农业气象专家发现，对于幅员辽阔、气候条件复杂的我国来说，“白霜”的实际意义并不大，用“白霜”作为霜冻指标具有局限性和片面性。为了找到更符合农作物生长的指标，天气预报中多以地面最低温度大于或等于 0 ℃作为霜冻指标。因为这个温度界限，正是农作物受到不同程度危害的临界点。

霜冻的预防

几种简单的霜冻防御方法

霜冻的防御，主要通过提高气温、土温，从而避免或减轻霜冻的危害。常用的物理方法有：①灌水法；②遮盖法；③熏烟法；④施肥法。

灌水法　灌水可增加近地面层空气湿度，保护地面热量，提高空气温度。在霜冻发生的前一天灌水，保温效果较好。据试验，灌水后的作物叶面温度在夜间可比不灌水的提高 1 ～ 2 ℃。由于水的热容量大，降温慢，田间温度不会很快下降。

小面积的园林植物比较好管理，可以采用喷水法。其方法是在霜冻来临前 1 小时，利用喷灌设备对植物不断喷水。因水温比气温高，水在植物遇冷时会释放热量，加上水温高于冰点，以此来防霜冻，效果较好。

遮盖法　就是在塑料大棚外利用草帘、苇席、秸秆、草木灰、杂草、尼龙布或用土覆盖植物，既可防止外面冷空气的袭击，又能减少地面热量向外散失，一般能提高气温 1 ～ 2 ℃。这种方法局限性强，只能预防小面积霜冻，但优点是防冻时间长。

熏烟法 即燃烧柴草、牛粪、锯末等发烟物体，在作物上面形成烟幕，使降温减缓，并能增加株间温度。一般熏烟能达到增温 0.5 ～ 2.0 ℃的效果。也可用化学药剂或废机油、赤磷及其他尘烟物质，在霜冻来临前半小时或 1 小时点燃，造成烟幕，提高空气温度。据测定，燃烧 1 千克红磷可为 5 亩[①]地防霜，提高温度 1 ～ 2 ℃。这些烟雾能够阻挡地面热量的散失，而烟雾本身也会产生一定的热量，一般能使近地面层空气温度提高 1 ～ 2 ℃。但这种方法要具备一定的天气条件，且成本较高、污染较大，不适合普遍推广，只适用于短时霜冻的防止和在名贵林木及其苗圃上使用。

遮盖法防霜冻

喷洒抗寒剂

施肥法 在寒潮来临前早施有机肥，特别是用半腐熟的有机肥做基肥，可改善土壤结构，增强其吸热保暖的性能。也可利用半腐熟的有机肥在继续腐熟的过程中散发出热量，提高土温。入冬后可用暖性肥料壅培林木植物，能达到明显的防冻效果。暖性肥料常用的有厩肥、堆肥和草木灰等。这种方法简单易行，但要掌握好本地的气候规律，应在霜冻来临前 3 ～ 4 天施用。

---

① 1 亩≈ 666.67 平方米，下同。

入冬后，也可用石灰水将树木、果树的树干刷白，以减少散热。

此外，针对大面积农田，还可采取如下措施：①种植耐寒作物，培育抗寒高产品种；②加强田间管理，促使作物提前成熟；采取先进的栽培技术，提高作物的耐寒能力；③根据天气预报，选择适宜的播种期及早熟品种，避过霜冻危害时期；④设置风障或使用暖房、阳畦等进行育苗及栽培作物。

选种抗寒品种

作物受冻害后怎么办?

霜冻发生后，要根据作物受害情况采取补救措施，以尽可能减少损失。如果受害严重，大多数植株已经死亡，则应尽快重新播种或移栽。有些作物虽然地上部分冻枯，但分蘖节或生长点并未受害，则可通过水肥管理，促进新蘖、新芽长出。

其实，作物的自救能力还是很强的，我国很早以前就发现了这方面的事实。山东省嘉祥县有一块石碑，就记载着冬小麦受冻害后的恢复情况：

大清嘉庆十年岁次丑春，麦禾极甚，苗深一尺有余，已将出秀。越三月二十一日谷雨，是日北风骤起，终日不息，严霜夜降，麦叶皆白。望其苗而苗俱枯，视其秀而秀已腐，人皆忧闷，垂首丧气，但已无生趣矣。于是有割获者，有典卖者，亦有听之者。及至五六日，根底有芽如麦粒，然众视之皆以为时已迫近，如此渺渺，尚可冀其成实耶？不意于四月间苗仍如初，于五月间俱已成熟，约一亩之所获，犹有四五斗者焉。

这是冬小麦受冻害后自救能力的体现。遇到这类情况，不必灰心丧气，只要再采取一些补救措施，还是会有一定收成的。

据有关资料记载，我国一些地区曾多次发生小麦拔节期霜冻危害，凡是采取浇水、中耕、施肥等措施的，都大大减轻了损失。吉林、辽宁和内蒙古东部，有的年份春播玉米出苗后发生严重霜冻，地上部分冻枯，但其生长点在土壤中依然活着。通过加强水肥和中耕管理，很快都会长出新叶，以后的生长发育虽然会受些影响，但到秋后仍有较好收成。

下面介绍一些作物受冻害后的补救措施。

冬小麦 受到冻害的冬小麦，有水浇条件的，应该立即浇水并施速效氮肥，氮素和水分耦合作用会促进小麦早分蘖、小蘖赶大蘖，提高分蘖成穗率。没有水浇条件的旱地，冻害发生较轻的（植株有部分绿叶），应先喷施“半日青”然后中耕，促进其生长，遇雨适量追施速效氮肥；冻害严重的（整株没有绿叶），应先中耕促进生长，当长出新的叶片后，叶面喷施“半日青”或植物生长调节剂，遇雨适量追施速效氮肥。通过合理的科学管理，可有效地减轻冻害损失，获得较高的产量。

蔬菜 蔬菜遭受霜冻危害比较常见。根据蔬菜种类对温度的不同要求，分为耐寒蔬菜（如菠菜、大葱、大蒜等）、半耐寒蔬菜（如白菜、萝卜、芹菜等）、喜温蔬菜（如茄子、辣椒、黄瓜等）。由于保护性措施不得力，而使一些喜温、耐热蔬菜幼苗受到不同程度的霜冻危害，对蔬菜生产和市场供应造成一定影响。一般采取的措施有：

（1）合理追肥。对受冻植株合理追施速效肥，既能改善作物的营养状况，又能增加细胞组织液的浓度，增强植株耐寒抗冻能力，促进恢复生长，采用叶面喷肥比土壤追肥效果好。瓜类和茄果类蔬菜，一生中对氮、磷、钾三要素的需求比较平衡，以选用三元素复合肥为宜。叶菜类蔬菜，一生中对氮肥的需用量最多,应喷施 1% ~ 2%的尿素水溶液,若再加入适量的“半日青”则效果更好。根茎类蔬菜,对钾、磷等元素的需要量较多,可喷施 0.3%磷酸二氧钾加“半日青”水溶液。

（2）及时浇水。浇水能增加土壤热容量，抑制地温下降，稳定地表及棚内空气温度，有效减轻和控制冻害发展。冬季井水的温度较地上水高，浇水要选用地下水，不宜用地上水。浇水量以达到耕层为宜，切忌大水漫灌。

（3）科学通风。棚内瓜菜发生冻害后，不能马上闭棚升温，不然会使受冻组织脱水死亡。太阳出来后应适度敞开通风口，过段时间再将通风口逐渐缩小、关闭。让棚温缓慢上升,使受冻组织充分吸收水分,促进细胞复活,减少组织死亡。

果树　容易受到霜冻危害的果树以苹果为主。

（1）冻害发生后，及时灌水培土，在树盘开环状浅沟，灌足水，添加微生物菌液以增加地温。

（2）受冻果树的修剪整形应延迟到发芽期，剪掉冻死和冻害严重的枝条。对主侧枝，如果前部发生严重冻害的可在完好部位回缩，促发健壮新梢。

雨凇和雾凇

一个是恶魔，一个是天使。

雨凇——大自然的冷面杀手

莫把雨凇当风景

雨凇是过冷雨滴碰到温度等于或低于 0 ℃的物体表面时所形成玻璃状透明或无光泽的表面粗糙的冰覆盖层，俗称冰凌。我国很早就有雨凇的记载，《春秋》就有这方面的描述：成公十六年（公元前 575 年）十有六年，春，王正月，雨，木冰。意思是：鲁成公十六年春天周历正月下雨，树木枝条上凝聚了雨冰（就是“雨凇”）。这是世界上对雨凇的最早记载。

雨凇出现后，往往结成各式各样美丽的冰凌，满山遍野，银装素裹。那造型奇特的松树、遍地的灌木，也成为银花盛开的玉树，分外诱人。满枝满树的冰挂，犹如琉璃世界，珠帘长垂，晶莹耀眼。风乍起，冰挂撞击，叮当作响，和谐有节，清脆悦耳。极目远眺，山峦、怪石之上，茫茫一片，仿佛披上了一层晶莹的玉衣。在冬天灿烂的阳光辉映下，晶莹剔透、闪烁生辉。

但是，雨凇可不是供我们观赏的，它是一种严重的自然灾害。

雨凇比其他形式的冰粒坚硬、透明而且密度大。雨凇的结构清晰可辨，表面一般光滑，其横截面呈楔状或椭圆状。它可以发生在水平面上，也可发生在垂直面上，与风向有很大关系，多形成于树木的迎风面。根据其形态，分为梳状雨凇、椭圆状雨凇、匣状雨凇和波状雨凇等。

雨凇与雾凇的形成机制相似，多为冷雨产生，持续时间一般较长，日变化不甚明显。它是在特定的天气背景下产生的降水现象，形成时的典型天气是微寒且有雨，风力强、雾滴大，多在冷空气与暖空气交锋而且暖空气势力较强的情况下发生。在此期间，江淮流域上空的西北气流和西南气流都很强盛，地面有冷空气侵入，而靠近地面一层的空气温度较低，1500 ～ 3000 米上空又有温度

雨凇

高于 0 ℃的暖气流北上，形成一个暖空气层或云层；再往上，3000 米以上则是高空大气，温度低于 0 ℃，云层温度往往在 -10 ℃以下，即 2000 米左右高空，大气温度一般为 0 ℃左右，而 2000 米以下温度又低于 0 ℃，也就是近地面存在一个逆温层。

这样的空气层结构，便呈现了大气垂直结构上下冷、中间暖的状态，自上而下分别为冰晶层、暖层和冷层。从冰晶层掉下来的雪花通过暖层时融化成雨滴，当它进入靠近地面的冷气层时，雨滴迅速冷却，成为过冷雨滴。这种过冷雨滴一反常态，很是奇特，本应在低于 0 ℃时冻结的，但它因找不到凝结核，便始终保持液体状态。更奇特的是，有时候气温在零下几十摄氏度时，仍呈液态。这种雨滴是一种危险水滴，只要碰上适合凝结的附着物，便像“饿疯了的病毒”一样立马黏附上去，而且凝结的速度飞快。

当这些过冷雨滴黏附到地面及树枝、电线等物体上时，便疯狂集聚冻结起来，迅速布满物体表面。这样，树枝或电线立马就变成了粗粗的“冰棍”。随着温度忽高忽低的波动，这些“冰棍”一边滴淌一边继续冻结，最后成为一条条长长的冰柱，就成了我们所说的“雨凇”。

这种现象，我们在冬季的屋檐下能经常看到。

雨凇出现的时段和观测

雨凇以山地和河流、湖泊区多见。

我国大部分地区雨凇都在 12 月至次年 3 月出现，平均雨凇日数分布特点是南方多、北方少（但华南地区因冬暖，极少有接近 0 ℃的低温，因此一般年份既无冰雹也无雨凇）；潮湿地区多而干旱地区少（尤以高山地区雨凇日数最多）。

我国年平均雨凇日数在 20 天以上的气象台站，几乎都是高山站。

而平原地区绝大多数气象台站的年平均雨凇日数都在 5 天以下，且大多出现在 1 月上旬至 2 月上、中旬的一个多月时间之内，起始日期具有北方早、南方迟，山区早、平原迟的特点，结束日则相反。地势较高的山区，雨凇开始早，结束晚，雨凇期略长。如安徽的黄山光明顶，雨凇一般在 11 月上旬初开始，次年 4 月上旬结束，长达 5 个月之久。

据统计，江淮流域的雨凇天气，淮北地区 2 ～ 3 年一遇，淮河以南地区 7 ～ 8 年一遇。但在山区，山谷和山顶差异较大，山区的部分谷地几乎没有雨凇，而山势较高处几乎年年都有雨凇发生。20 世纪 60 年代，广州没有出现过雨凇，上

雨凇

海、北京、哈尔滨平均每年仅分别出现 0.1 天、0.7 天和 0.5 天。

中国雨凇日数最多的台站是四川峨眉山气象站，平均每年出现 141.3 天（最多年份 167 天）；其次是重庆金佛山 70.2 天（最多年份 93 天）；第三位是湖北巴东的绿葱坡 61.5 天（最多年份 90 天）。这些地方都出现在南方高山地区。北方的雨凇既不多也不严重，干旱地区尤少。北方雨凇日数最多的地方是甘肃省通渭的华家岭、陕西省的华山和吉林省的长白山天池，它们平均每年分别出现 29.6 天、19.8 天和 18.5 天，也都是高山台站。

雨凇在冬季严寒的北方地区以较温暖的春秋季节为多，如长白山天池气象站雨凇最多月份是 5 月，平均出现 5.7 天；其次是 9 月，平均 3.5 天。冬季 12 月至 3 月因气温太低，一般不会有雨凇出现。而南方则以较冷的冬季为多，如峨眉山气象站 12 月雨凇日数平均多达 26.4 天，1 月份也达 24.6 天，甚至有的年份 12 月、1 月和 3 月都曾出现过天天有雨凇的情况。

雨凇的危害程度与其持续时间也有关系。上海市 1957 年 1 月 15—16 日曾出现一次雨凇，持续了 30 小时 9 分钟；北京最长连续雨凇时数是 30 小时 42 分钟，发生在 1957 年 3 月 1—2 日；哈尔滨最长持续时间为 28 小时 29 分钟，发生在 1956 年 10 月 18—19 日。中国雨凇连续时数最长的地方发生在峨眉山，从 1969 年 11 月 15 日一直持续到 1970 年 3 月 28 日，长达 3198 小时 54 分钟之多。其次是南岳衡山 1370 小时 57 分钟（1976 年 12 月 24 日—1977 年 2 月 19 日）。再次为湖南的雪峰山 1192 小时 9 分（1976 年 12 月 25 日—1977 年 2 月 12 日）。

雨凇积冰的直径一般为 40 ～ 70 毫米，也有的达几百毫米，中国雨凇积冰最大直径出现在湖南南岳衡山，达 1200 毫米；其次是湖北巴东绿葱坡，711 毫米；再次为湖南雪峰山，648 毫米。

雨凇的观测，主要测量其积冰的直径。这个过程比较麻烦，不像观测风、观测雨那样简单直接。首先是要有观测雨凇的“导线”，然后等待雨凇的形成，最后用专业的工具测量导线上冰凌的直径、厚度，以及取下冰凌待融化后测量重量。但有的雨凇在冻结过程中，“雨凇冰棍”会发生碎裂。为了求得真实数据，气象部门观测雨凇的人员就需要忍受着极度的严寒，收集碎裂的残冰并将导线上剩余的冰凌清除掉，让雨凇重新在导线上冻结。在高山上，也许要重复几次甚至十几次这样的工作，雨凇过程才告停止。按气象部门规定，各次碎裂时最大直径之和就是全部雨凇过程的最大积冰直径。

1962 年 11 月 24 日发生在南岳衡山的一次雨凇积冰，每米导线上积了 16 872 克，是中国雨凇记录中的佼佼者。

高山雨凇

其他重量较大的记录有：湖南雪峰山 15 616 克，黄山 12 148 克，庐山 5468 克和金佛山 5440 克等。河南商丘市 1966 年 3 月 5—9 日的一场雨凇，最大直径 160 厘米，最大积冰重量 1400 克 / 米，是 20 世纪 60 年代平原的罕见记录了。

难以忘却的雨凇灾害

2008 年 1—2 月，我国发生了一次 50 年一遇的大范围持续性强雨凇冰冻灾害，危害极为严重，影响极其深远，令人难以忘却。

这次冰冻灾害由 4 次天气过程造成，发生的时间段分别为 1 月 10—16 日、18—22 日、25—29 日、31 日至 2 月 2 日。长江中下游及贵州雨雪日数为 1954—1955 年以来历史同期最大值；冰冻日数为历史同期次大值。其中湖南、湖北两省雨雪冰冻天气是 1954 年以来持续时间最长、影响程度最严重的，贵州

43个市（县）的冻雨天气持续时间突破了历史纪录。江淮等地出现了30～50厘米的积雪，贵州、湖南的电线积冰直径达到30～60毫米。

这次气象灾害具有范围广、强度大、持续时间长、灾害影响重的特点，很多地区为50年一遇，部分地区百年一遇，属历史罕见。

范围广 持续的低温雨雪冰冻天气，影响了贵州、湖南、湖北、安徽、江西、广西、重庆、广东、浙江、福建、四川、陕西、江苏、云南、甘肃、河南、青海、西藏、山西、上海等20个省（自治区、直辖市）。

强度大 1月10日以来，河南、四川、陕西、甘肃、青海、宁夏6个省（自治区）降水量达1951年以来同期最大值。长江中下游地区的最低气温降至-6～0℃，日最高气温与最低气温接近。武汉和长沙两市已连续半个多月日平均气温接近或低于0℃；湖北、安徽、江西、湖南和贵州5省大部气温比常年同期偏低2～4℃，湖北中东部、湖南大部、贵州东部偏低达4℃以上;河南、湖北、湖南、广西、贵州、甘肃、陕西平均气温均为历史同期最低值，江西、重庆、宁夏为次低值。江南、华南及西北大部地区过程最大降温幅度达10～20℃，其中华南西北部超过20℃。浙江暴雪是1984年以来最强的一次，安徽和江苏的部分地区积雪深度创近50年极值。

持续时间长 2007年12月1日至2008年1月31日，长江中下游（江苏、安徽、湖北、湖南、江西、上海）及贵州日平均气温小于1℃的最长连续日数仅少于1954—1955年，持续时间为历史同期次大值；长江中下游及贵州雨雪日数超过1954—1955年，为历史同期最大值；冰冻日数接近1954—1955年，为历史同期次大值。其中湖南、湖北两省雨雪冰冻天气是1954年以来持续时间最长、影响程度最严重的。

灾害影响重 持续低温雨雪冰冻天气给湖南、湖北、安徽、江西、广西、贵州等 20 个省（自治区）造成重大灾害，特别是对交通运输、能源供应、电力传输、通信设施、农业生产、群众生活造成严重影响和损失，受灾人口达 1 亿多人，直接经济损失达 400 多亿元，农作物受灾面积和直接经济损失均已经超过 2007 年全年低温雨雪冰冻灾害造成的损失。

雨凇与地表水的结冰不同，雨凇边降边冻，能立即黏附在裸露物的外表而不流失，形成越来越厚的坚实冰层，从而使物体负重加大。高压线高高的钢塔在下雪天时，承受了 2 ～ 3 倍的电线重量；但是如果有雨凇的话，可能会承受 10 ～ 20 倍的电线重量。出现雨凇时，电线或树枝遇冷收缩，加上风力吹动引起震荡，雨凇的重量能使电线和电话线被压断，几千米以致几十千米长路段上的

高压线被雨凇压塌

电线杆成排倾倒，造成输电、通信中断，严重影响当地的工农业生产。历史上许多城市都出现过高压线路因为雨凇而成排倒塌的情况。

雨凇也会威胁飞机的飞行安全。飞机在有**过冷水滴**的云层中飞行时，机翼、螺旋桨会积冰，影响飞机空气动力性能造成失事。因此，为了冬季飞行安全，现代飞机基本都安装有除冰设备。

当路面上形成雨凇时，公路交通因地面结冰而受阻，交通事故也因此增多，特别是山区公路积冰是十分危险的，往往易使汽车操纵失控，滑向悬崖。

由于冰层不断冻结加厚，常会压断树枝，因此雨凇对林木也会造成严重破坏。坚硬的冰层能使覆盖在它下面的庄稼糜烂。如果麦田结冰，就会冻断返青的冬小麦或冻死早春播种的作物幼苗。

另外，雨凇还能大面积破坏幼林、冻伤果树。农牧业和交通运输等方面会受到较大程度的损失。严重的冻雨也会把房屋压塌，危及人们的生命财产安全。

我国历史上几次严重的雨凇灾害

历史上，我国曾发生过数次刻骨铭心的雨凇灾害，都对国民经济和人民的生产生活造成了重大影响。

1954 年 12 月—1955 年 1 月，湖北省洞庭湖区平原出现雨凇，积冰厚达 70 ～ 80 毫米。海拔 150 ～ 600 米处的中低山地的湖南电网导线覆冰厚度最大达 70 ～ 80 毫米，为历史罕见。

1969 年初，广东北部的一场严重冻雨，使工业集中的粤北地区电信交通中断，工矿停电停产一个多星期。

1972 年 2 月 1—8 日，湖南、贵州、江西等地出现了一次大范围冰冻雨凇天气，最严重的地段电线结冰近 10 厘米厚，使电报、电话全都中断。

1973年12月，新疆维吾尔自治区奇台县一次雨凇最大直径24厘米。吉木乃一次雨凇持续60小时，最大直径7厘米，都压断了电线，造成通信中断。乌鲁木齐通往塔城的通信架空明线，每年冬季常需组织人力破凇打冰，才能保障通信联络的正常。

1977年10月27—28日，河北省承德市塞罕坝林场出现了一次罕见的雨凇，受灾面积40万亩，占当时有林地面积一半以上，导致60多万棵树木折断，其中折干、折冠、劈裂、严重弯曲的重灾区面积20万亩，损失成林5000多万株，折合木材损失约96万立方米，损失人民币2700万～2800万元之巨。

1979年1月28日—2月3日，山东省青岛市的市区和部分县连续遭受雨凇灾害，致使鲁东电网的平度段终止供电，胶南县雨凇达20～70毫米，损失达200余万元。山东临沂一次雨凇，曾使电话线上冻结重达3.5千克/米的冰层，造成巨大损失。

1997年12月26—30日，河北省围场县某林场出现历史上罕见的雨凇，每2根电线杆之间的8根电线结冰重达1吨，电线被压断、电杆被压倒、树木被冻伤，损失严重。

1998年12月1日，位于江苏省北部、地处长江三角洲地区的宿迁、新沂、邳州、东海4个县市出现了雨凇天气，积冰直径达4～16毫米。徐州市10千瓦高压线路有11处断杆断线，压倒电话线杆40根，损坏电话线路2.3千米。

2002年12月25—26日，广西桂林市遭受一次雨凇灾害，临桂以北各县均出现冰冻和明显的雨凇，对桂林市常绿果树造成较大影响，局部地区造成严重损失，尤其是柑橘、枇杷等果树，均出现树冠结冰，枝、叶以及枇杷幼果、夏橙、留树保鲜的柑橘果实受到严重冻伤。

2005年2月6—8日，鄂西南、江汉平原以及鄂东北地区共有18个县市出现雨凇，6 小时积冰直径在 2 ～ 8 毫米，最大雨凇积冰直径 6 小时达到 20 毫米，致使五峰 110 伏线塔倒塌 40 多座，4 条 110 千伏输电线路供电瘫痪，电网结构遭到严重破坏，对华中电网运行造成了极大威胁。重庆电网酉阳、武隆等地区分别遭遇恶劣天气和低温，形成大范围雨凇灾害，很多电力线路覆冰超过了 50 毫米，致使 110 千瓦黔秀龙线的多基铁塔倒塌，导致大面积停电，严重影响了酉阳地区工农业生产和人民的正常生活用电。

特别是 2008 年 1—2 月的雨凇灾害，广西北部全州、灌阳、资源等地，电线“肿”得比手臂还粗，每隔两三千米就有电杆倒伏。最严重的贵州省，全省电网 500 千伏网架基本压瘫，41 个市县无法供电。

雨凇损坏的电线杆上电力工人正在努力恢复电力供应

雾凇就是一幅画

小时候听大人讲故事，经常会说：有兄弟俩，老大是富人，老二是穷人；或者老二是坏人，老大是好人。用雨凇和雾凇比喻兄弟俩，还真有点相似。

“雾凇”一词最早出现于南北朝时期吕忱（420—479 年）所编的《字林》里，其解释为：“寒气结冰如珠见日光乃消，齐鲁谓之雾凇。”雾凇俗称树挂，是在严寒季节里，空气中**过饱和**的水汽遇冷凝华而成，是非常难得的自然奇观。雾凇非冰非雪，而是由雾中无数 0 ℃以下的水汽随风在树枝等物体上不断积聚冻结的结果，表现为白色不透明的粒状结构沉积物。

雾凇形成需要很低的气温，而且水汽必须很充分，能同时具备这两个极重要又相互矛盾的自然条件更是难得。雾凇和雨凇虽然都是“凇”，但雾凇显然比雨凇讨人喜欢。一是雾凇不会形成大的自然灾害；二是雾凇观赏性较强，它本身就构成了一道风景。

松花江畔雾凇美

冬天，有比百花盛开、万紫千红更独特的风景吗？有，这个独特的风景，就出现在吉林省松花江。

没有身临其境，你绝对想象不到这样的风景有多么震撼，多么迷人。它就是与“桂林山水”“云南石林”“长江三峡”并称中国四大自然奇观的“吉林雾凇”。

每当寒风萧瑟、万木凋零的时节，吉林雾凇便向人们展示出别样的风采。吉林省吉林市松花江岸的十里长堤，常形成“忽如一夜春风来，千树万树梨花开”的美景。垂柳青枝变成了琼花玉树，耐寒松柏披上了素雅银装，在蓝天映衬下，晶莹剔透，蔚为壮观，把人们带进了稀世罕见的魔幻仙境。

松花江畔雾凇景观

近年来，松花江雾凇引起了中外摄影家和摄影爱好者关注，并赋予了极大的热情。每到寒冬降临，他们便从世界各地赶来，用手中的相机，记录下这难得的美景。

其实，就雾凇本身来说，也算是一种较常见的天气现象，从高山峻岭到平原草地，从树木成荫的林海到江河湖泊，从乡间田野到人口稠密的都市，雾凇在中国乃至世界许多地方都留下了足迹。那为什么偏偏松花江的雾凇一枝独秀、芳名远播呢?

原来，这与吉林市的另一个名字——“北国江城”密切相关。

吉林冬季气候严寒，清晨气温一般都低至 –25 ～ –20 ℃，而且这种天气每年长达 60 ～ 70 天。这段日子里，丰满水电站大坝将 15 千米长的江水拦腰截段，形成了壮观的人工湖泊——松花湖。近百亿立方米的水容量，使得冬季的松花湖表面结冰，水下温度却保持在 0 ℃以上。特别是湖水经过水电站发电机组，温度有所升高，水闸放出来的湖水基本上在 4 ℃左右。这 25 ～ 30 ℃的温差使得湖水刚一出闸，就如开锅般地腾起浓雾，形成江面临寒不冻的奇观，同时也造就了形成雾凇的两个必要而又相互矛盾的自然条件：足够低的温度和充沛的水汽。江水与空气之间巨大的温差，将松花江源源不断释放出的水蒸气凝结在树木和草丛上并迅速冻结，形成了厚度达 40 ～ 60 毫米的树挂，远远超过了通常 5 ～ 10 毫米的普通树挂的厚度。

俄罗斯杰巴里采夫斯克雾凇专业站通过上百年的观测，证明雾凇家族中最罕见的品种是毛茸形晶状雾凇。而吉林雾凇正是这种雾凇中厚度最厚、密度最小、结构最疏松的一种。这种雾凇组成的冰晶能将光线几乎全部反射，显得格外晶莹剔透。

不仅如此，松花江雾凇出现的频次之多和持续时间之长也堪称雾凇之冠。这里的雾凇出现次数一个冬季平均为 29.9 次，最多可达 64 次。而我国最北端的城市漠河，历年冬季平均气温在 –20 ℃以下的日期为 139 天，比吉林市多了一倍，可漠河的雾凇年平均次数只有 9.4 次，不及松花江雾凇的三分之一。另外，与吉林市同处松花江畔但气温比吉林市低的哈尔滨、佳木斯等城市的雾凇，无论景观还是出现次数，都远不能与松花江雾凇相比。

雾凇好看，但基本上是“昙花一现”。可松花江雾凇却打破了这个常规，在每年的 11 月至次年的 3 月出现，甚至延伸到 10 月至次年的 4 月，雾凇的可见时间居然能长达半年之久。另外，每次出现的时间也长，一般在傍晚到次日早晨形成，中午前后气温升高，风速加大，雾凇才逐渐减弱、消失。如果几天之内的气温、风、云等气象要素变化不大，雾凇可连续出现。“数九”时段往往一连几天浓雾迷茫，雾凇持久不化。

沿着十里长堤，要找一处雾凇最密集、最震撼的地方，那就往下游的雾凇岛吧！那里的雾凇因特别集中且美丽而著名。因江水环抱，冷、暖空气极容易在这里相会，因此冬季里几乎天天有雾凇，有时能一连出现几天。岛上的曾通屯是欣赏雾凇最好的去处，曾有“赏雾凇，到曾通”之说。这里树形奇特，沿江的垂柳挂满了洁白晶莹的霜花，江风吹拂银丝闪烁，犹如被尘世遗忘的仙境。远处，一行白鹭划过丛林，留下寂寥的天空。而那蓝天也蓝得纯净，蓝得深邃，把满树的雾凇，映衬得越发迷人。

各地雾凇惹人醉

除了吉林松花江，我国还有许多地方都能观赏到雾凇。当然，找这样的地方，还是北方比较容易些。

黑龙江伊春库尔滨河流域 库尔滨河发源于伊春小兴安岭北麓，1975 年黑河市逊克县在这里拦河蓄水，建成占地 30 平方千米、年蓄水 4 亿立方米的库尔滨水库，利用库水资源沿河兴建了库尔滨、宝山、白石和乌一 4 座水力发电站。发电站排放的热水使库尔滨河清澈见底的河水终年不冻，遇到冬天零下 20 多摄氏度的高寒气温，便产生了美丽壮观的雾凇。每年 11 月下旬至次年的 3 月上旬，发电站下游常形成浓浓雾气，与冷空气融合交锋，便形成了壮观的雾凇奇景。库尔滨河是一条由山地平原和大山共拥的河流，河谷两岸每天清晨都挂满雾凇，东岸峭壁如刀削般巍然屹立，河中怪石嶙峋；西岸火山岩高低错落，撒满银雪，

黑龙江库尔滨河雾凇

似孩童手中的棉花糖，让人不忍触摸，也使得众多摄影家们在此流连忘返。

黑龙江林口县莲花镇 每年11月末至次年的1月末，位于林口县莲花镇莲花水电站大坝下游牡丹江畔的“雾凇谷”，就会准时向游人展示美妙的雾凇景观。莲花水电站是调峰电站，由于冬季间歇发电，致使下游蜿蜒流淌于山谷之中的牡丹江水三九天也不封冻，江面雾气蒸腾。届时，江边、路边、村边、岛上、岭上……方圆百里满目玉树琼枝，犹如神话世界。

黑龙江镜泊湖 镜泊湖位于黑龙江省东南部。每年11月下旬开始，景区黑

黑龙江牡丹江镜泊湖雾凇

龙潭、镜泊峡谷附近就开始出现雾凇奇观。镜泊湖雾凇奇观由雾凇、冰瀑等组成，其中黑龙潭周围雾凇连绵数里，漫山遍野的雾凇，就像一个盛开的珊瑚世界，美妙绝伦。

黑龙江沾河 沾河是小兴安岭密林深处的一条未受污染的河流。每年初冬至次年的 2 月份前后，沾河林业局周围四五千米范围内，雾凇奇景会成片出现。一般最佳拍摄时间是 7—10 时，太阳出来后就很难再拍到了。正因为短暂的美丽如昙花一现，沾河的雾凇才更显神奇。

黑龙江逊克县 逊克县克林乡大平台的雾凇从每年 11 月下旬一直持续到第

二年的3月末，每天5—11时是欣赏雾凇的最佳时间。大平台村距逊克县100千米，因库尔滨河水通过库尔滨电站水轮机后水温升高，河面不结冰，散发的水蒸气附着在河水两岸的草木上，从而形成了绵延数十千米的雾凇景观。

黑龙江大庆　在距大庆75千米的大同区，有一个面积近7平方千米的新华湖。每年入冬后，雾凇美景便不请自到，凝结成的雾凇厚重丰满。加之不冻湖雾气缭绕，每天不同时段都能展示独具风韵的奇观。这得益于新华湖旁发电厂的冷却循环水连续不断地排入湖中，使湖水温度偏高，即使在冬季也不会封冻。

黑龙江逊克县大平台库尔滨河边的雾凇

绵延十余千米的雾凇奇景，让中外游客赞不绝口。

黑龙江双龙 入冬以后，随着气温的急转直下，让沿黑龙江边的双龙以及太平等地迎来雾凇景观。天然雾凇让黑龙江两岸形成了一片银白世界，绵延数十千米。这个时段，往往万里无云，蓝天在挂满白霜的树木映衬下显得特别迷人。

内蒙古呼伦贝尔 内蒙古呼伦贝尔的根河号称不冻河，因为其独特的自然条件，这里冬季的最低温度可以降到 –30 ℃。不冻河的水汽十分丰沛，加上大兴安岭的丰富植被，形成雾凇的条件非常优越。水汽能在冷空气中迅速结晶，

内蒙古呼伦贝尔阿尔山不冻河雾凇雪景

形成雾凇奇观。

河南武陟、修武 2012年1月12日，河南雾、霾在持续3天后，位于太行山下的武陟、修武等地出现了雾凇现象，路边及田野的树木就像被薄雪覆盖一样，满树琼花，蔚为壮观。大雾中，无数因温度较低而尚未冻结的雾滴，随风在树枝等物体上不断积聚，形成白色不透明的粒状结构沉积物。

山东枣庄 2013年12月19日，山东枣庄市台儿庄区京杭大运河两岸、台儿庄古城、运河湿地公园及大部分城区出现雾凇景观。台儿庄区道路两旁树木的树枝被一层毛茸茸的雾滴所覆盖，形成一片玉树琼花、银装素裹的美丽景象。

新疆塔克拉玛干大沙漠 塔克拉玛干大沙漠能出现雾凇，是一般人不会想到的。2015年1月17日早晨一场大雾之后，位于天山南麓、塔克拉玛干大沙漠北缘的新疆生产建设兵团第一师阿拉尔市十三团附近的沙漠，就意外地出现了难得一见的雾凇景观。特殊天气就像魔术师，把大自然装扮得分外妖娆。

安徽黄山 2015年2月4日，安徽黄山出现大面积雾凇景观，满山遍野玉树银花，多姿多彩。当山风吹过，云雾散去，黄山雾凇在奇松、怪石、秀峰的装扮下更加迷人。当天，游人络绎不绝，很多家长带着孩子一同游览黄山，一幅幅家庭亲子游画面温馨而感人。

此外，陕西华山、山东泰山、河南嵩山、河南鸡公山等许多地方都出现过雾凇，但不像北方的雾凇那么壮观、那么固定，往往是可遇而不可求。

雾凇是这样形成的

黄山悬崖雾凇

雾凇的成因

雾凇是空气中无数0 ℃以下但尚未结冰的雾滴随风在树枝等物体上不断积聚冻结的结果，表现为白色不透明的冰晶状或颗粒状结构沉积物。雾凇现象在中国北方冬季是很普遍的，在南方高山地区也常有出现。

雾凇基本上是无害的，这是它与雨凇的重大区别。但任何事物都有例外。在特殊天气条件下产生的雾凇，有时也会成为一种自然灾害。严重的雾凇会将电线、树木压断，造成损失。

中国是世界上记载雾凇最早的国家。早在春秋时代（公元前770年至公元前476年）成书的《春秋》，就有关于“树稼”（即雾凇）的记载。

宋代曾巩在他的《冬夜即事》中这样写道：

香消一榻氍毹暖，月澹千门雾凇寒。

闻说丰年从此始，更回笼烛卷帘看。

并自注：“齐寒甚，夜气如雾，凝于木上，旦起视之如雪，日出飘满阶庭，尤为可爱，齐人谓之雾凇。”

曾巩的自注，便讲明了雾凇生成的原因：山东地方寒冷的冬夜，大雾的雾滴在树上凝结后，到第二天早晨，便能看到像雪一样的凝结物，非常好看，当地人都叫它雾凇。“凝于木上”4个字，生动地说明了雾凇是雾滴在树枝上凝结生成的。其原理和现在的科学解释一模一样。

这一方面说明，自古以来人们就对雾凇有了认识，而且是有深厚感情的。而另一方面，则说明曾巩非常了不起，在距我们一千多年的宋代，就能用朴素的语言，阐明雾凇形成的原因。就凭这首诗和自注，他就应该像西汉韩婴一样，在气象科普领域占据一席之地。

曾巩（1019—1083年），字子固，汉族，建昌军南丰（今江西省南丰县）人，后居临川，北宋散文家、史学家、政治家。曾巩为政廉洁奉公，勤于政事，关心民生疾苦，而且文学成就突出，其文“古雅、平正、冲和”，位列唐宋八大家。

曾巩形象画

与韩婴不同的是，韩婴的文学成就被他在科学上的发现湮没了；而曾巩在科学上的发现被他的文学成就湮没了。但我们气象工作者不能忘记他，他一千多年前对雾凇成因的解释，世界上没有人能够超越。

雾凇的形成，是由多种因素构成的，经历了复杂的大气物理变化过程。温度和湿度条件，是产生雾凇的基本条件。温度低于 0 ℃的过冷水滴碰撞到同样低于冻结温度的物体时，便会形成雾凇。当水滴小到一碰上物体马上冻结时，便会结成雾凇层或雾凇沉积物。雾凇层由小冰粒构成，它们之间有气孔，这样便形成了典型的白色外表和粒状结构。由于各个过冷水滴的迅速冻结，相邻冰粒之间的内聚力较差，则雾凇易于从附着物上脱落。

被**过冷云**环绕的山顶上最容易形成雾凇，这也是飞机上常见的冰冻形式。在寒冷的天气里，泉水、河流、湖泊或池塘附近的蒸汽雾也可形成雾凇。

一天中看雾凇的最佳时间是早晨，因为雾凇是在夜里形成的。随着太阳的慢慢升起，还可以看到红色的朝霞“洒”在白色雾凇上的景象。雾凇消失的时间要看当天的风力大小，如果风大的话，9 点左右雾凇就开始掉落；运气好遇到没风的时候，雾凇则可以维持到接近中午。

雾与雾凇的渊源

在一次赴雾凇岛参观雾凇的活动中，静静向田老师提出了一个问题：“雾凇是由雾形成的吗？”

田老师夸静静动了脑子。他说：“提到雾凇，大家自然会与雾联系起来。就像我们去动物园看熊猫，就会有小朋友提出‘熊猫是不是熊的一种啊’一样。雾凇确实和雾有关系，在雾凇出现之前或出现的时候，一般都有雾。”

田老师讲了两个事例：

我国明代成化二年，也就是公元1466年农历十一月初一的清晨，在黄河中下游的河南省扶沟县，一股浓浓的雾气从东方移过来。这股雾气通过树木和草地的时候，就像变戏法一样，一会儿工夫就把树木和草地变成了白色。不久，白色物体在树枝上堆积起来，晶莹剔透。中原一带的平原地区很少出现雾凇，

田老师讲述事例

这可让人们饱了眼福，感觉不可思议。

另一个事例是 1978 年 1 月 6 日，位于我国大西北的新疆维吾尔自治区和田地区，从早晨开始一直到中午，始终被浓雾所笼罩。与此同时，出现了我国大西北近代史上罕见的雾凇景观。说它罕见，是因为这次雾凇的厚度令人吃惊，树枝、电线等物体就像长了毛一样，显得蓬蓬松松。雾凇最大厚度居然达到了 19 毫米，到处呈现出一派银装素裹的壮丽景色。事后从和田地区气象台的观测记录看，在这次浓雾和雾凇出现前后，当地日平均气温低于 –15 ℃，日平均相对湿度大于 77%。出现雾凇的头天夜里，曾刮了一场风速为 2 米 / 秒的东北风。这些天气条件促成了这次浓雾和雾凇的形成。

大家全都沉浸在美妙的雾凇叙述中。这时，壮壮提出了一个问题："雾凇出现时必须有雾作为前提吗？"

壮壮向田老师提问

田老师觉得这问题很新鲜，有必要解释一下。他说："雾能够促成雾凇的出现。但在没有雾的时候，只要空气中水分足够，环境温度等条件满足水汽能够冻结在物体上，雾凇一样可以出现。"

在高高的山上，以及高楼大厦、烟囱、铁塔、天线等高处所形成的雾凇，就是由雾滴接触到这些物体表面时冻结而成的。当然，一般情况下，雾凇都是在有雾的情况下形成的，要不怎么会叫雾凇呢！当然了，由水汽冻结而形成的雾凇，只是在特殊的环境和条件下形成的，比较少见。

在寒冷的冬季，一些地区温度虽然比较低（甚至在 0 ℃以下），但雾中因为缺乏冻结核，雾滴仍保持液态，并未冻结成冰晶，一旦这种**过冷却**的雾滴碰到树木或地面物体时，就与树枝或物体粘连，形成雾凇。如果雾滴很小，雾滴的温度又比较低，其冻结速度就会很快。这时在树枝上或物体上的冻结物，往往由许多小颗粒冰柱所组成，各颗粒之间含有空气间隙，所以在太阳光线照射下，显得一片银白。如果雾滴较大，雾滴温度也较高，在冻结时热量就不易散发，便会有一部分呈液态水在树枝或物体上漫流，然后再慢慢冻结。由于在漫流时空气间隙已被填实，所以冻结物就形成了透明的冰层，覆盖在树枝或物体上，则此时的树枝或物体就好像穿了一件琉璃衣裳。有时候，过冷却的雾滴与树枝或物体表面的琉璃衣裳同时存在，雾滴中的水分会蒸发，这些水汽就会在琉璃衣裳表面凝华，呈现晶状雾凇，毛茸茸的，可爱极了。

总之，树枝上或地面物体上出现的雾凇，大多与过冷却雾滴有关。雾凇的出现，证明当时雾滴的温度低于 0 ℃。

孩子们高兴极了，这趟雾凇岛没有白来，既观赏了美丽的雾凇，又学到了这么多气象知识。

晶状雾凇

雾凇的种类

硬凇、软凇、彩色雾凇

在硬度上，雾凇分为硬凇和软凇两类。

空气和物体之间往往会形成一个比较大的温差，如果这时气温在 0 ℃以下，水汽便会在物体上形成冰晶，我们把这种现象叫作“硬凇”。如果温度在 0℃以上，便会在物体表面凝结成形似雾凇的水滴，叫作“软凇”。

气象学家认为，硬凇发生于树枝或其他固体的迎风面，理想的条件是风速较大，气温介于 –8 ～ –2 ℃。软凇的形成则有所不同。在风力较为平缓的情况下，当薄雾中的小水滴粘附到物体的外表面时，就会形成软凇。

在自然界里，地面物体上形成的冰晶和水滴并不都是霜和露。有一些貌似霜、露的现象，却是由其他气象条件所造成的。

硬凇和软凇，则都是由空气和地面物体之间的温度差形成的。雾凇除了硬度外，它的颜色也受到了人们的关注。你如果认为雾凇全都是洁白晶莹的，那就错了。它其实也和雪一样，有时候会呈现意想不到的颜色。

据历史气象资料查证，世界各地曾出现过不同颜色的雾凇。

1940 年 3 月 9 日，前苏联的阿拉该兹气象站，曾观测到一次玫瑰色的雾凇，使人大开眼界。

这个气象观测站对这次彩色雾凇的产生过程以及当时情景做了详尽的记载：“就在产生这场彩色雾凇前数小时，也就是 3 月 9 日的 0 时前后，本地有雾并下雪，近地层（距离地面 1.5 米）空气温度在 –7 ℃左右，刮着 24 米 / 秒的大风（相当于 9 级风）。大风之后，从天空开始飘落起玫瑰色和暗黄色的雪花，并同时在乳白色的雾凇上面增长了像有色雪那样的有色层。当时有雾并下着雪，

彩色雾凇

能见度不足50米。所形成的雾凇呈半冰状，比较坚硬，厚度达20毫米左右。仔细观测这次雾凇的内部结构，人们发现其中约有10毫米厚的乳白色雾凇，外面还有约10毫米厚的玫瑰色雾凇。”

气象工作者对这场玫瑰色雾凇做了分析研究，指出，这次彩色雾凇是近地层空气中的水汽直接凝华而形成的。此次雾凇属于颗粒状雾凇，是相互之间比较密集的晶体，虽然它和雪同时形成，但却不是粘结雪，因为粘结雪是在环境气温高于 0 ℃时在近地层物体上的粘附，而粒状雾凇则是在环境气温低于 0 ℃以下时形成的。这场玫瑰色雾凇是一场大风把远处的黄色和红色沙尘刮到了这个地方，并附着在雾凇上的缘故。

2012 年 10 月 3 日，一名游客在内蒙古克什克腾旗黄岗梁林区拍摄到土黄色的“彩色雾凇”美景。时值仲秋，白桦林、落叶松叶落未尽，使罕见的“彩色雾凇”更显壮观。这次雾凇，是国内见到的为数不多的一次彩色雾凇记载。

气象学家指出，与彩色雪一样，彩色雾凇也是大气中的一种自然现象。彩色雪是大风把远处的带色尘土带到高空或别处形成凝结核，或者暴风将有颜色的藻类从地面刮到高空，与雪晶相遇，或者与雾滴相碰，粘附在其上面，然后降落到地面形成的。

同样的道理，那些粘附着带色的藻类或带色的沙尘的雾滴，通过树木、电线等物体时，一旦具备了形成雾凇的环境条件，就会形成彩色雾凇了。

雾凇的利与弊

回到学校以后，去雾凇岛参观过的孩子们兴致高涨，缠着辅导员田老师不放，硬是要他再讲讲有关雾凇的利弊知识。于是，田老师开始了精彩的讲述：

雾凇的美我们已经看到了，是不是非常壮观啊！难怪古代诗人们要用秋天的“玉菊怒放”和初春的“梨花盛开”来形容它。

当然，雾凇的优点不仅仅是美观啊！首先，它是空气的天然清洁工。咱们在观赏玉树琼花时，是不是都会感到空气格外清新舒爽、沁人心脾啊？这就是因为雾凇吸附了空气中的尘埃等有害物质，起到了净化空气的作用。

空气中存在着肉眼看不见的大量微粒，它们体积很小，重量极轻，悬浮在空气中，危害人的健康。据美国对微粒污染危害做的调查测验表明，微粒污染

重比微粒污染轻的城市，患病死亡率高 15%，微粒每年导致全世界数万人死亡，其中大部分是患呼吸道疾病的老人和儿童。

雾凇形成的初始阶段，可吸附空气中的有害微粒沉降到大地，从而净化空气。因此，雾凇不仅在外观上洁白无瑕，给人以纯洁高雅的风貌，而且还是天然的大面积空气“清洁器”。

其次，雾凇还是“负氧离子发生器”。大家知道，空气是由无数分子所组成的，由于自然界的宇宙射线、紫外线、土壤和空气放射线的影响，有些空气分子就释放出电子。在通常的大气压下，被释放出的电子很快又与空气中的中性分子结合成为负离子。空气分子在高压或强射线的作用下被电离，产生的自由电子大部分被氧气所获得，因而常常把空气负离子统称为“负氧离子”。在有雾凇时，负氧离子增多，对人体起到了保护作用。据观测，在有雾凇时，负氧离子每立方厘米可达上千至数千个，比没有雾凇时的负氧离子多5倍以上。

再次，雾凇是环境的天然“消音器”。雾凇由于具有体积浓厚、结构疏松、密度小、空隙度高的特点，因此对音波反射率很低，能吸收和容纳大量音波，净化环境噪音。咱们在雾凇岛感到特别幽静，就是这个原因。

当然了，雾凇对于滋润土壤和农作物的生长发育也十分有利。雾凇是林带地区一笔可观的水分收入。在久旱的晚秋、冬季和初春时节，对于越冬作物以及秋耕、春耕都是有益的。

至于说雾凇的危害，那要看雾凇的性质，是晶状雾凇还是粒状雾凇，以及雾凇量的大小。如果是晶状雾凇，对人们的生产和生活利大于弊。如果是粒状雾凇并且密度较大，当附着在物体表面且比较牢固时，它持续增长会加重树枝和电线的负荷，造成一定程度的破坏。尤其是带有雾滴的雾凇，由于粘附和增厚的速度特别快，对电信和输电线路的破坏作用就比较严重。遇到这样的灾害，一定要采取防范和安全措施。

晶莹的露珠

雨露滋润禾苗壮。

露的别名叫甘露

帝王建造承露盘

从这个标题你应该能猜到，这种叫“露”的天气现象，是多么讨人喜欢。古时候，人们把它当宝贝看待，认为露水是从天上降下来的。

要说露珠也的确讨人喜欢，像珍珠一样晶莹透亮，在草叶上滚来滚去的。古代的炼丹家们特别注重收集露水，认为这对于他们制造“点金石”“长寿药”

露

很有帮助。于是就有人把露水当成药，并美其名曰“甘露”，认为多喝些露水，就可以消除病患，益寿延年。

大凡封建皇帝们，没有一个不希望长寿的。天下都有了，没有一个长寿的好身体，多亏呀！秦始皇派遣徐福去东海寻求长生不老药的故事，就是很好的例子。

到了汉代，武帝刘彻也不例外。他慕仙好道，于公元前104年至公元前100年在长安修造柏梁台，又名神明台。这台子是建章宫中最为壮观的建筑物，高达五十丈①。台上有铜铸的仙人，仙人手掌有七围②之大，仙人之巨大可想而知。仙人手托一个直径二十七丈的大铜盘，盘内有一巨型玉杯。修这样的庞然大物用来干什么呢？原来是要用玉杯承接空中的露水，故名“承露盘”。那时候汉武帝以为喝了玉杯中的露水就是喝了天赐的“琼浆玉液”，久服便能益寿成仙。可想而知，那时候露水在帝王眼里是多么的珍贵。

清代乾隆年间建于北京北海公园的仙人承露盘

① 丈为长度单位，1丈≈3.33米，下同。
② 一围表示两手拇指和食指合拢的长度，下同。

劳民伤财一番，汉武帝虽然喝上了“承露盘”的露水，却没能成仙。倒是柏梁台经历两千多年风吹雨打，已千疮百孔，但夯土台基尚存，可供后人观赏。当你站在台前，仍可感受到“立修茎之仙掌，承云表之清露”的古汉风韵。

三百年后，西汉没了，东汉也没了，历史的车轮驶到了三国时代。当了魏帝的曹叡还没把江山坐稳，就开始想着“万岁万岁万万岁”了。为了求取长生不老之方，便召大臣马钧咨询。马钧奏曰：“汉朝二十四帝，惟武帝享国最久，寿算极高，盖因服天上日精月华之气也。尝于长安宫中，建柏梁台，台上立一铜人，手捧一盘，名曰‘承露盘’，接三更北斗所降沆瀣之水，其名曰‘天浆’，又曰‘甘露’。取此水用美玉为屑，调和服之，可以返老还童。”

曹叡听了此话大喜，令马钧带人星夜至长安拆取铜人，移置洛阳芳林园中。马钧领命，带领一万人至长安，周围搭起木架爬上柏梁台。五千人连绳引索，旋环而上。拆除时，台倾柱倒，压死千余人。为一人之长寿，伤千人于无辜。马钧回长安后，曹叡令其建造高台，安置铜人、承露盘。承露盘修成了，还不算，又令大臣毌丘俭写了《承露盘赋》。这毌丘俭是个溜须拍马的好手，把赋写得神采飞扬，名动京城。

一千多年过去了，曹叡的承露盘早随着时代更迭灰飞烟灭，不过毌丘俭写的《承露盘赋》倒是流传了下来，从中能看出当年承露盘的豪华和气派。

承露盘赋

树根芳林，濯景天池。嘉木灵草，绿叶素枝。飞阁鳞接而从连，层台偃蹇以横施。龟龙怪兽，嬉游乎其中。诡类壮观，杂沓众多。若乃肇制模熔，应变入神。穷数极理，究尽物伦。命班尔，召淳均。撰兰籍，简良辰。采名金于昆丘，斩扶桑以为薪。诏烛龙使吐火，运混元以陶甄。区阴阳而役神物，岂取力于烝民。用能弗经弗营，不日而成。匪雕匪断，天挺之灵。雄干碣以高立，干云雾而上征。

盖取象于蓬莱，实神明之所凭，峻极过于阆风，凤高翔而弗升。远而望之，若紫霓下邻。双鹍集焉，即而视之，若璆琳之柱，华盖在端。上际辰极，下通九原。中承仙掌，既平且安。越古今而无匹，信奇异之可观。又能致休徵以辅性，岂徒虚设于芳园。采和气之精液，承清露于飞云。

露水真的有延年益寿、返老还童的功效吗？那真是异想天开的事！承露盘建造得那么精致、豪华，估计曹叡没有少喝用玉屑调和的露水，但最终并没能延年益寿，仅活了35岁就寿终正寝了。

后来，真相被揭开了：露水并不是从天上降下来的，它们是由大气底层的水汽遇冷凝结而成的。

诗人咏露抒情怀

朝雾弥琼宇，征马嘶北风。

露湿尘难染，霜笼鸦不惊。

戎衣犹铁甲，须眉等银冰。

踟蹰张冠道，恍若塞上行。

露是历代文人喜欢的天气现象之一，咏露的诗词不胜枚举。但上面这首五言律诗你熟悉吗？如果不知道出处，就不要去古人诗词堆里乱翻了。这是毛泽东的作品，标题是《张冠道中》，是诗人在陕北转移途中创作的。

毛泽东具备诗人情怀，也具有写诗填词的深厚功底，即使是硝烟弥漫的战斗间隙，也一样吟诗赋词。据说，他的大部分诗词都是在马背上创作的。

1947年3月13日凌晨，胡宗南以15个旅计14万人的兵力，向延安发起了进攻。3月18日晚，毛泽东与周恩来最后撤离延安，在陕北延川、清涧、子长、子洲、靖边等县转战。张冠道，是当时转战过程中经过的一条乡间土路。

这首《张冠道中》大约写于 4 月初。农谚说："清明断雪，谷雨断霜。"这时候清明节不到，陕北的天气还是相当寒冷的。何况为了隐蔽行踪，毛泽东及其一行人要晓宿夜行，夜间的天气就更冷了。诗中描写的是经过一夜跋涉，拂晓时的行军情景。

朝雾弥天，战马嘶风，这该是个晴天的凌晨。露湿霜笼，尘土不扬，鸦雀不惊，大地一片宁静。但行军却是艰苦的，战士的衣衫，被汗水、露气浸湿，由于夜寒，衣裳都冻硬了，像铁甲那样硬梆冰凉，眉毛、胡髭都沾上了白白的严霜。

凌晨出征的战士

“踟蹰”二字，写出了战士们步履的艰辛。尽管如此，战士们的心情依然是豪迈的。“恍若塞上行”就极其含蓄地抒写了战士们行军的情景。“塞上行”暗示了诗人联想到了古代写边塞军旅生活的豪迈悲壮，不免使人回味起“将军角弓不得控，都护铁衣冷难着”“马毛带雪汗气蒸，五花连钱旋作冰”的诗句来。用“恍若塞上行”做结语，给读者留下了广阔的想象空间和细细品味的情致。

毛泽东博学多才、见多识广，他的诗词也就题材广泛、体裁完备、风格多样。在这首短短的五言律诗中，诗人使用了 4 种天气现象：雾、风、露、霜，把当时早春时节的凌晨行军艰苦场景描绘得淋漓尽致。在所有古典诗词中，这样的描写实在罕见。

在雾、风、露、霜这 4 种天气现象中，我们能够体会到前两种的气候背景铺垫：这雾，是晴天的晨雾，这也是“冷”的一种表征。但风，则应该是行军途中人体感觉出来的风。就像我们在静风中行走，走得快了，便会感觉到耳边呼呼的风声；如果坐在快速行驶的汽车里，这种感觉就会更明显。

那个早晨，自然的风是不应该有的，因为有了一定量级的风，露水就不会形成了。这种因快速行军感觉到的“风”，是寒冷刺骨的。而露和霜，形成原理相似，主要看它们形成时的气温高低。若气温高于 0 ℃，水汽凝结，形成的是露；若气温低于 0 ℃，水汽凝华，形成的就是霜。那个时候陕北的天气，气温应该是在 0 ℃上下波动，这样就形成了能把衣裤打湿的露，又出现了把露冻住后形成的白花花的小冰粒——冻露。若不仔细分辨，这白花花的小颗粒就容易当成是“霜”了。

毛泽东以他的雄才大略和深厚的文学功底，在行军途中创作出了这样一首五言律诗，给后人留下了一笔丰厚的财富。《张冠道中》可以与任何一首古代军旅诗媲美。

昼暖夜凉白露现

露从哪里来?

如果你有兴趣仔细观察，会发现一个奇怪的现象。清晨，田野里的庄稼上、路边的杂草上，全是湿漉漉的露水。即使是角落里悬挂的蜘蛛网，也挂满了晶莹的小露珠。可是当你抬头看天，晴朗湛蓝，有时候甚至连一丝云彩也没有。咦?这就奇怪了，这些小水珠是从哪里来的呢?

晶莹的露珠

自从学校组织大家去雾凇岛参观雾凇，听了辅导员田老师的介绍以后，不少同学对气象知识入了迷。他们正是对大自然充满好奇的年龄，对任何一个问题都想知道为什么，何况气象学中的问题又是那么神秘、迷人。根据同学们的要求，学校很快就组织了萌芽气象站，由辅导员田老师负责，并专门去市气象台聘请了顾问。这样，静静和壮壮等同学，就成为了萌芽气象站的小站员。

转眼到了秋天。

那天壮壮去参加足球联谊赛回来，鞋子和衣裤都湿透了，大家问他咋回事。

壮壮说："别提了，今天足球场的草地特别湿，一场比赛下来，鞋子不湿才怪呢！"

足球联谊赛回来的壮壮

静静说："最近没下雨啊，草地为什么会是湿的呢？"

壮壮说："不知道啊！"

静静建议请教辅导员田老师。

田老师说："看来咱们该系统学习一下气象知识了。今天下午自习时间，举办气象基础知识讲座，请爱好者参加。"

下午，多功能教室济济一堂，连外班的学生都参加了。教室里安装了投影仪。青翠的草叶上，晶亮的水珠儿滚来滚去，可爱极了。

田老师举办气象基础知识讲座

田老师的开场白是这样的："壮壮同学给咱们带来了一个话题，今天就有针对性地讲讲'露是什么？露是从哪里来的呢？'"

说到露，几乎无人不晓。同学们外出郊游的时候，草地上、藤蔓上、灌木丛中，经常能看到晶莹剔透的露珠。可是却少有同学追问过"露是怎么形成的"。

在日常生活中，我们常常遇到这样的现象：冬天时，当你向窗户玻璃上哈一口气，就会发现玻璃上出现了许多小小的水珠；夏天时，如果把冰棒放到玻璃杯中，很快就会看到杯子的外壁上产生了一层细小水珠。这些都是水汽遇到较冷的物体表面后凝结的结果。

从气象学原理中我们知道，空气中所容纳的水汽是有一定限度的，随着气温的逐渐升高，容纳水汽的能力也就会逐渐增大。试验证明，每 1 立方米的空气中，当气温在 4 ℃时，最多能容纳 6.36 克水汽；如果气温升高到 20 ℃，就能容纳 17.3 克的水汽。清晨，气温较低，当空气中的水汽超过了可容纳的限度时，空气就达到了饱和状态，就再也容纳不下"新来"的水汽了。这时候怎么办呢？多余的水汽就只好凝结成细小的水滴，集聚在温度较低的物体表面，如贴近地面的小草、庄稼上，就成了露。但当太阳升起，气温逐渐升高，空气可容纳水汽的能力逐渐加大，早晨附着在庄稼或草尖上的露，也会通过蒸发再次变成水汽，回到大气的怀抱。

日出前后露的形成与消失

壮壮踢足球，被露水打湿了鞋子，憋了一肚子气。但若露水形成于农作物上，那对作物的帮助可就大了。因为露水像雨水一样，能滋润土壤，哺育万物生长。特别是久旱不雨的季节，露水可是植物赖以生存的甘霖呢！但这不是今天的话题，田老师说今后再找机会给大家讲讲。

听完了田老师的讲解，同学们豁然开朗，教室里，爆发出热烈的掌声。

白露与寒露

“白露”和“寒露”都是二十四节气中的节日，两个节日全都与农业生产有关。

每年的9月7日、8日或9日，当太阳到达黄经165°时为“白露”节气。此时气温继续下降，昼暖夜凉，露水较多较重，呈现白色。《礼记·月令》篇记载这个节气的景象：“盲风至，鸿雁来，玄鸟归，群鸟养羞。”描述这个节气鸿雁南飞避寒、百鸟忙于贮存干果食物以备过冬的景象。

从气候规律说，白露时节，凉爽的秋风自北向南已吹遍淮北大地，成都、贵阳以西日平均气温也降到了22 ℃以下，开始了金色的秋季。这时炎夏已逝，暑气渐消，我国大部分地区秋高气爽，云淡风轻。

鸿雁南飞

俗话说："白露秋分夜，一夜冷一夜。"这时夏季风逐渐为冬季风所代替，多吹偏北风，冷空气南下逐渐频繁，加上太阳直射地面的位置南移，北半球日照时间变短，日照强度减弱，地面辐射散热快，故温度下降速度也逐渐加快。

白露是收获的季节，也是播种的季节。富饶辽阔的东北平原开始收获谷子、大豆和高粱，华北地区秋收作物成熟，大江南北的棉花正在吐絮，进入全面分批采收时节。西北、东北地区的冬小麦开始播种，华北的秋种也即将开始。黄淮、江淮及以南地区的单季晚稻已扬花灌浆，双季晚稻即将抽穗。

白露后，我国大部分地区降水显著减少。这个时候，因太平洋副热带高压迅速南退，位于黄河中下游地带的河南，常受冷空气控制，天气晴好，温度下降，降水减少，开始进入初秋季节。芦苇扬花，柿子初熟，秋叶泛黄，大地铺金，一望无际的山川田野，色彩斑斓，瑰丽多姿。由于水汽减少，空气变得碧蓝透明。夜里的晴空，星星似乎也比往日密了、亮了许多，故有"秋高气爽"之称。

民谚有"白露天气晴，棉花白如银""白露无雨，霜降无霜""白露干一干，寒露宽一宽"等，对了解后期天气趋势有一定参考价值。

而到10月8日或9日，太阳到达黄经195°时则为"寒露"节气。《月令七十二候集解》曰："九月节，露气寒冷，将凝结也。"意思是气温比白露时更低，地面的露水更冷，快要凝结成霜了。寒露时节，南岭及以北的广大地区均已进入秋季，东北和西北地区已进入或即将进入冬季。北京大部分年份这时已可见初霜，东北和新疆北部地区一般已开始降雪了。

古代把露作为天气转凉变冷的表征。从白露节气的"露凝而白"到寒露节气的"露结为霜"，仅仅一个月的时间。如果细心观测，则可以在眼前呈现出一幅"露色洁白晶莹"到"露气寒冷凝结"的生动画卷。寒露时节，我国北方已是深秋景色，蓝天下，纤巧的白云变换着奇妙的身姿，炫耀着她的美丽；大地上，

露结为霜

红叶黄花，白霜铺地，自有一番壮美的风韵。当然，在我国南方，也是秋意渐浓，蝉噤荷残，雷电隐匿，凉风阵阵。

寒露和一个月前的白露，都是用露作为气温下降的标志的。寒露以后，北方冷空气已具备一定势力，我国大部分地区在冷高压控制之下，雨季结束，天气常是昼暖夜凉，晴空万里，对秋收十分有利。

古代历书中，寒露节气有“鸿雁来宾”“菊有黄花”的物候记载。南宋诗人陆游平素留心物候变化，诗中不乏应时写景的佳作。他在《秋思》中写道："乌柏微丹菊渐开，天高风送雁声哀。”更有元代戏曲作家王实甫的名句“碧云天，黄花地，西风紧。北雁南飞”，描绘出了一幅黄河中下游地区的秋景图。

寒露期间，我国北方大部分地区最低气温已达 0 ℃以下，开始出现初霜冻，南方地区有时也因强冷空气南下的影响，气温骤降，出现“寒露风”天气。“寒露到霜降，种麦日夜忙。”“秋分早，霜降迟，寒露种麦正当时。”这都是北方劳动人民在多年生产实践中做出的科学总结。

露的奉献

雨露滋润禾苗壮

作物生长离不开水，即使是沙漠中生命力极强的仙人掌，也还是离不开水分的滋养。与人们息息相关的农作物，就更离不开水分了。毛泽东曾经说过:“水利是农业的命脉。”

露水滋润庄稼

我国北方的夏季水汽蒸发很快。白天，农作物光合作用强，水分会被大量蒸发掉。一旦脱水，庄稼便萎靡不振。常与土地打交道的农民朋友总结出："三天不雨小旱，五天不雨大旱。"在强烈阳光的照晒下，作物失去水分，叶子往往被晒得卷曲发蔫儿，轻者枯萎，重者死亡。就像《水浒传》里白胜唱的那样"野田禾稻半枯焦"。但夜间一旦有了露，就会立马恢复精神，茁壮生长，并对已积累的有机物进行转化和运输。

作物生长离不开雨，但在缺乏水利灌溉的山区，如果碰不到风调雨顺的年头，庄稼只能在炎炎大旱中枯萎死亡。危难之中，作物活着只能仰仗于露。人们常把"雨露"并称，就是这个道理。

露珠是露的别名。当作物正处于灌浆成熟阶段时，无私的露珠便会像守护神一样，默默地出现在禾苗的叶片上或草丛中，从夜幕降临到阳光初照不离不弃。这种过程悄然无声，是一种无私的馈赠。正是有了这种馈赠，才使得禾苗转危为安，蓬勃生长。难怪那些农人一到庄稼需水的关键时节，常默默地蹲在田间地头，看着露珠在庄稼叶上滚来滚去，那是他们的希望和寄托啊！

雨的形成需要云，需要冷暖空气的对流运动。降水的地域分布、时空分布差异较大，有的地方几年不下雨，有的地方几个月不会晴；有的时候细雨短暂，有的时候暴雨成灾。

露可不是这样。它不露声色、悄无声息，不管你身处高原，还是居于平地；无论你处于北国，还是位于南方，露一视同仁，布施均匀。露是一种奇妙的天气现象，它默默无闻，从不张扬，既不会雷霆万钧炫耀威力，也不会狂风大作造成灾害。露是内敛的、娴静的、温柔的，不需要复杂的过程令人提防，但却能如甘霖般滋润大地，让禾苗茁壮成长。它默默地洗去庄稼叶面的尘埃，提供合适的湿度，创造有利于叶片呼吸的环境条件。从它的身上，我们似乎看到了默默奉献不求报偿的美德。

“雨露滋润禾苗壮”是歌里唱的吧，其实，这也是中国民间把露和雨置于同等高度予以颂扬的心声。

中国人是懂得感恩的，滴水之恩常做涌泉相报。五千年来，我们的祖先在露天劳作中，与土地结下了深厚的情义，他们侍弄庄稼，就像抚育自己的儿女一样有耐心。由于露水的无私奉献，农人对它的感情就可想而知了，难免要称其为“甘露”。不但充满了亲切感，还深怀着敬仰之情。从北国到江南，把“露”叫成“甘露”者比比皆是啊！“甘露”后来更引申为上天的恩惠，因此，以“甘露寺”命名的佛教禅寺不胜枚举。

甘露寺

露的采集

当今缺水已是一个世界性问题，一些严重缺水的国家或地区，露水也成了重要的水资源。

露水几乎无处不在，即使沙漠里也有露水，许多沙漠生物就靠露水生存。据测量，每平方米草地一夜的露水量可达 100 ～ 300 克。

不少野外工作者为解决饮水难，根据露水形成的原理，想出了各种各样收集水的办法。

保鲜膜收集露水 晚上将保鲜膜蒙在面盆上，使其产生凹面并将面盆放置户外。第二天早上将保鲜膜揭下，盆里会有很多露水。

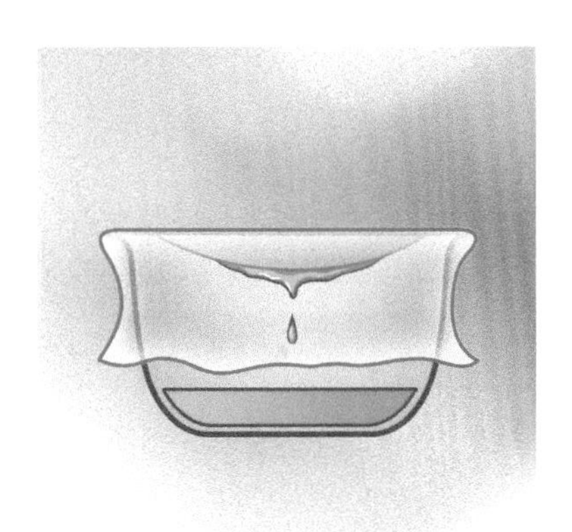

保鲜膜收集露水

编织露水收集网 用木棍把编织好的金属网支起来，装于漏斗上，漏斗下面放盛水容器。经过夜间露水的凝结，金属网上的露水会顺着漏斗流进容器里。为增加露水收集量，大金属网内可加小金属网，或把细铁丝编成松针状放在金属网内。铁丝网的形状可大可小，细铁丝松针的数量也可多可少。该装置可安放在背阴通风处，或通过多次试验找到露水最多处。集水量与装置结构、空气含水量有关。该装置成本低廉，适合在干旱地区推广使用。汉武帝要是早知道收集露水这么简单，就不用劳民伤财大兴土木建造柏梁台了。

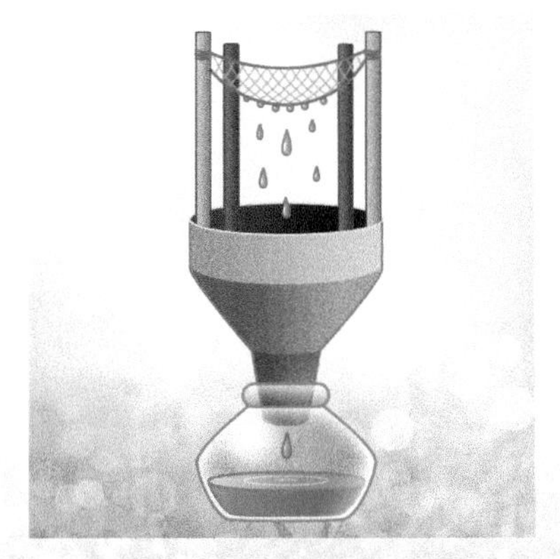

露水收集网

从土壤里获取蒸馏水　沙漠、荒漠探险和野外工作者使用一种从土壤里获取净水的装置维持生命：在向阳潮湿的地方，挖一个口径约半米、深约半米的漏斗状土坑，底部放一个盛水容器。土坑上面，铺上透明无毒的塑料布，将塑料布四周压紧，中央放块小石子，使塑料布中心凹下。在阳光照射下，土壤水分蒸发成水汽，水汽遇塑料布后凝结成水珠，从凹处滴落到盛水容器里，成为净化饮用水。实际上，干旱缺水地区的土壤里仍然含有许多水，尤其是有苦咸水域的地方，土壤含水量通常较高。该装置成本低、搭建简易，可普遍推广使用。

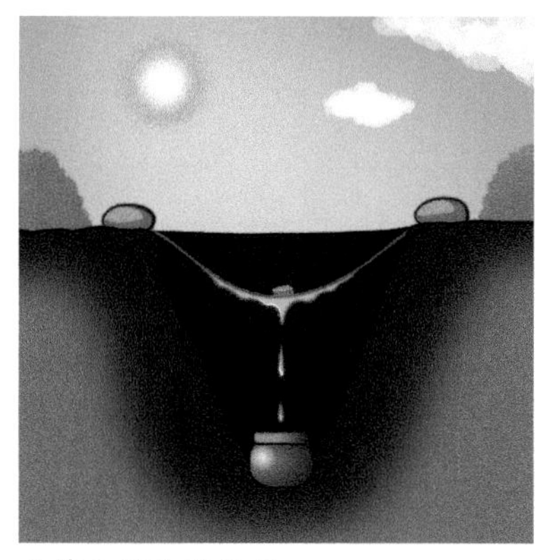
土壤中获取蒸馏水

树枝取水　用一个塑料袋套在树枝上，将袋口扎紧。因为温差的原因，树中会蒸发出水分，等到水分越来越多后，就可以取下来饮用。

树枝取水

地上取水　在地上挖一个小坑，把塑料袋摆成“锅”形,露水会自动形成并流向“锅底”。

露水收集器　受沙漠中甲虫在干燥的环境中获取水源的启发，人们设计了碗状露水收集器。光滑的金属顶面和带有波浪纹的侧面能够更加轻易地“捕获”空气中的小水滴。在曲面和储水罐之间设计一道“Y”字形的槽，用来过滤空气中的沙尘，保证水质清澈。有了这款

露水收集器

露水收集器，无论是对野外探险求生者，还是世界上的缺水地区，都能带来实质性帮助。

“水空气”采集器 以色列工学院建筑与房屋规划系研究生约瑟夫·科里和埃亚勒·马勒卡设计了“水空气”采集器。用板材做成倒金字塔形，可在任何气候条件下从空气中收集露水并转化为淡水。这项发明的灵感来自树叶收集露水的特性，如果采集器的数量够多，即使在偏远和受到污染的地区也能每天无限量地供应淡水。采集器底座较小，无论在农村还是城市都很容易安装。其竖式斜构件设计利用重力扩大了采集面。板材可弯曲，不用时便于折叠。

“搜水”和“降温”小屋 美国建筑设计师罗伯特·费里设计了这样一座小屋，它可以把热空气吸到地下，降温后进入室内。费里坚信，有了这座小屋，即使在沙漠里也可以过得逍遥自在，因为它可以在沙漠干旱环境中尽可能吸收水分。房屋外安装了两架专门负责从空气中收集水分的装置，水分通过金属冷凝管再经过压缩和过滤后储入水箱。两架这样的“搜水器”就可以为 5 口人的日常饮用和洗澡提供足够的洁净水。这座房屋还能在酷暑中给居住者带来清凉。在沙漠中最热的时候，一台功能强劲的风扇会将大量的热空气吸入地下一个温度常年保持在 10 ～ 15 ℃的密封室，降温后再通过室内地板的风口流通到整座建筑。屋顶铺设的 24 个能自动调整方向正对太阳的电池板以及两架风车负责为整座建筑提供电力。

参考文献

郭恩铭，1999. 呼风唤雨不是梦[M]. 北京：气象出版社.

韩基昌，1983.“雪落高山霜打谷”浅释[J]. 气象知识（2）：21.

金传达，1999. 祸从天降[M]. 北京：气象出版社.

李志超，1986. 农田里的气象故事[M]. 北京：气象出版社.

卢嘉锡，1999. 十万个为什么[M]. 上海：少年儿童出版社.

斯迪，2002. 霜和凇[M]. 北京：气象出版社.

渝贞，2013. 凝冻：贵州冬季的常客[J]. 气象知识（6）：17.

张海峰，2007. 云天探秘[M]. 北京：气象出版社.

赵同进，汪勤模，2005. 气象灾害[M]. 西安：未来出版社.

中国气象学会科普部，1991. 风云奇观[M]. 北京：气象出版社.

附录 名词解释

页码	名词	释义
17	露点温度[1]	在气压不变与水汽无增减的情况下，未饱和湿空气相对于纯水面达到饱和时的温度，单位是摄氏度。
53	过冷水滴	温度低于 0 ℃却未冻结的水滴。
56	过饱和[1]	气象学上指在一定空间内水汽含量超过了相对于纯水或纯冰面上的饱和值，相对湿度大于 100%的状态。
67	过冷云[1]	由过冷水滴组成的云。
70	过冷却[1]	任何液体的温度下降到该物质固态的熔点（即正常冻结点）以下而不冻结的现象。

[1] 《大气科学辞典》编委会．大气科学辞典[M]. 北京：气象出版社，1994.